Historien om populære moderne opfindelser

laser pointers

Historien om laser pointer er tæt knyttet til den,

laseren. Selv om det var Albert Einstein som udviklede

den grundlæggende teori for lasere i det tidlige 20. århundrede, er det

svært at lokalisere præcis, hvem der var ansvarlig for

opfindelsen af den første arbejdsdag laser. mens Theodore

Maiman er bredt krediteret med at skabe den første laser i

1960 er der yderligere tre videnskabsmænd -Charles Townes ,

Arthur Schawlow og Gordon Gould - der også kæmpe

for den samme ære. Gould modtaget et patent for hans

opfindelse i 1977 , 20 år efter hans indledende arbejde , men ved at

tid mange grupper blev allerede bruger hans opfindelse.

To amerikanske grupper er krediteret med opfindelsen af den

halvleder laser i 1962 , den ene ledet af Robert N. Hall

på General Electric forskningscenter, og den anden af

Marshall Nathan på IBM T.J. Watson Research Center.

Men laser pointers blev først praktisk i 1970

takket være det arbejde, Herbert Kroemer i De Forenede

Stater , Zhores Alferov af Sovjetunionen og deres

medarbejdere. I 2000 Kroemer og Alferov modtaget

Nobelprisen i fysik for deres opfindelse.

En halvlederlaser , en type halvleder diode ,

også omtalt som en diodelaser . Dioder er i stand

passere elektricitet i én retning og laser dioder

kan producere lys let, når el passerer gennem

dem. Sådanne diodelasere kræver beskyttelse fra magten

overspænding og temperaturændringer. En magt - styrekreds

bruges til at forhindre dioden modtage for meget

eller for lidt magt, og en plastik sag kan beskytte det fra

temperatur afvigelser.

Halvlederlasere bruge materialer, der svarer til dem i

transistorer og integrerede kredsløb for at skabe en

lasermediumet . Tidlig halvleder lasere (1950'erne), kunne

kun producere ikke- synlig infrarød stråling. Siden

halvleder elektronik er ikke kun blevet mere

billig at fremstille, er de også blevet mindre

i størrelse og har en tendens til at kræve mindre energi. De kan også

producere synligt lys , som rød er den mindst kostbare og

blå, violet og grøn er nogle af de dyrere

varianter. Som et resultat , af 1980'erne , halvlederlasere

blev overkommelige nok til at bruge i forbrugerelektronik

enheder såsom laser pointers .

Massiv forbedring i teknologi og en høj efterspørgsel

har bidraget til at bringe prisen på laser pointers ned

fra hundredvis af dollars til mindre end fem dollars for den mest billige typer. Mange produkter som børns

legetøj , kanoner, og projektorer indarbejde laser pointers .

herskere

En lineal , også kaldet en linje sporvidde eller regel , er en

enhed, der bruges i teknisk tegning , geometri , teknik,

arkitektur og udskrivning at tegne lige linjer , foranstaltning

afstande , og som en vejledning til præcis skæring .

Homo sapiens har brugt herskere siden oldtiden. mens

ældste herskere var lavet af træ , arkæologer har

fundet dem lavet af elfenben , der blev brugt før 1500 f.Kr.

af Indus-dalen Civilisation . En sådan lineal har været

opdaget blandt udgravninger i Lothal og har været

dateres helt tilbage til 2400 f.Kr.. Det menes, at dette

lineal er opdelt i enheder hver måler 1,32 inches,

markeret i decimal underafdelinger med forbløffende præcision

(inden for 0,005 inches) . Gamle mursten findes i hele

regionen har dimensioner , der svarer til disse enheder.

Tysk industrimand Anton Ullrich er krediteret med den

opfindelsen af foldelinealen i 1851 . I 1887 opnåede han

patent på forår -drevne hængsel bruges i hans

opfindelse. Det selskab, han grundlagde stadig eksisterer . I virkeligheden er det

fremstiller en bred vifte af måleinstrumenter under

handelsnavnet ' Stabila ".

Men herskere var ikke altid lavet af træ eller elfenben . de

Der er også blevet lavet af plast og metaller. og lige

siden opdagelsen af plast, linealer fremstillet af dette materiale

har fået fremtrædende plads , da de let kan formes

med markeringerne i stedet for at blive indskrevet på. i dag

metal er for det meste begrænset til herskere , der anvendes i værksteder , eller

indlejret i et træ lineal bruges til straight- line

skæring for at bevare dens kanter .

Desk herskere anvendes primært til at tegne lige linjer, for at

måle afstande eller til at tjene som en guide til at skære langs

en linje. Disse typer af herskere har distance- markeringer langs

deres kanter. På den anden side er en linje gauge anvendes i

grafisk industri , som bruger agat , pica , point og inches

som sin måleenhed. Desuden er nogle målere kan

også indeholde prøver af linjebredder i flere punktstørrelser .

Andre måleinstrumenter såsom folde herskere , der anvendes af

tømrere, og målebånd af metal , der er lavet

bærbar ved at folde eller trække i en spole. Skrædderen

stof tape er en anden fleksibel længde - måleapparat

der er kalibreret i centimeter og inches . Det anvendes til

gøre lineære målinger samt til måling

omkring en fast genstand , såsom en persons talje størrelse.

En sammentrækning lineal , også kendt som en shrink hersker, er en

måleapparat , der har større divisioner end standard

enheder til at kompensere for krympning under metal støbning .

vinkelmålere

I geometri , en vinkelmåler er en firkantet , rund eller

halvrunde værktøj typisk lavet af transparent plexiglas

og anvendes til måling af vinkler . Måleenheden

er normalt grader af en bue . De anvendes til en række

mekaniske og engineering -relaterede applikationer ,

men måske deres mest almindelige anvendelse er i geometrien

lektioner i skolerne. Mens nogle vinkelmålere er enkle

halve skiver, mere avancerede protractors såsom affasningen

vinkelmåler , en eller to svingarme har brugt til at hjælpe

måle vinklen .

Den enkle , halv- disc vinkelmåler er en gammel enhed , dating

tilbage flere tusinde år. Selv om det menes, at

virkelige opfinder er gået tabt i tidens sand , i 2011 en

spændende mulighed kom for dagens lys . En egyptisk arkitekt

opkaldt Kha havde hjulpet med at bygge Pharaohs grave under

det 18. egyptiske dynasti , omkring 1400 f.Kr. . I 1906 , hans

egen grav blev opdaget intakt ved arkæolog Ernesto

Schiaparelli i Deir al- Medina , nær Valley of the

Kings i Theben , Egypten. Blandt Kha ejendele var

opdaget måleinstrumenter , herunder alen 'høje stænger ,

en udjævning enhed, der ligner en moderne sæt torv,

og hvad syntes at være en underligt formet tom træ

tilfældet med en hængslet låg . Schiaparelli troede det sidste objekt

holdt en anden nivellering instrument. Museet i Torino,

Italien, hvor elementerne er nu ved at blive udstillet , er identificeret

trækassen som tilfældet med en afvejning skala .

Men Amelia Sparavigna , en fysiker ved Torino Polytechnic ,

foreslog, at det var en helt anden arkitektonisk

værktøj - en vinkelmåler . Nøglen , sagde hun lå i tallene

kodet i objektets udsmykkede dekoration, som ligner

en kompasrose med 16 jævnt fordelte kronblade omgivet

ved en cirkulær zigzag med 36 hjørner. Sparavigna gik på

at fastslå, at hvis lige stang af objektet blev lagt på

en skråning , ville en lodline afsløre sin hældning på

cirkulær skive . Men mange arkæologer er skeptiske

af denne teori og hævder, at det træ objekt er

blot et dekorativt etui.

Det første kompleks vinkelmåler var designet til at plotte

position af en båd på søkort . Kaldes en threearm

vinkelmåler eller station pointer , blev det opfundet i 1801

af Joseph Huddart , en engelsk flåde kaptajn . centret

arm er fast , mens de to ydre er drejelige , kan

bliver sat i en vilkårlig vinkel i forhold til centrum én.

TEGNING KOMPASSER

Et kompas eller et par kompasser er en teknisk tegning

instrument kender til hver elev . Det anvendes i

skole i geometri klasser til at deltage i udarbejdelsen perfekt

cirkler og buer . Det kan også bruges som et par skilleplader

til måling af afstande , især på kort.

Mennesket har kendt og brugt kompasser siden oldtiden.

Faktisk de gamle grækere brugte dem som grundlæggende undervisning

værktøjer. Alle teoremer Euclid blev bevist ved hjælp af kun

to tegneinstrumenter : Et par kompasser og en lineal

med en lige kant . Den grundlæggende form af kompasset har

ikke ændret sig meget siden da , men stål og plast

har stort set har erstattet sin oprindelige byggemateriale ,

typisk messing. I nogle middelalderlige europæiske malerier ,

kompasset er endda bruges som et symbol på Guds oprindelige

handling af skabelsen , det vil sige Genesis .

I 1606 , Galileo Galilei den berømte italienske videnskabsmand offentliggjort

en afhandling dedikeret til kompas overskriften » Le operazioni del

Compasso geometrico et militare (Driften af geometriske

og militære kompasser) . Han tilføjede en skala til

tegning kompas og brugte det til at demonstrere den grafiske

beregning af renters rente og andre funktioner.

Den mest berømte litterære brug af kompasser vises i en

Valediction : Forbyde Mourning , skrevet af John Donne ,

i 1611 . Fortælleren bruger kompasset som en metafor for

udtrykker styrken af åndelig kærlighed. Han sammenligner sin

elsker til den faste foden af kompas og sig til

andre frit bevægelige fod :

Hvis de er to , er de to, så

Så stiv twin kompasser er to ;

Thy sjælen, fix'd fod , gør ingen show

At flytte, men fortærer , hvis th ' andre gør.

Og selvom det i midten sidde,

Men når den anden langt fortærer roam ,

Det læner , og hearkens efter den,

Og vokser oprejst, da der kommer hjem.

Sådanne visnesyge du være mig , der skal,

Ligesom th ' anden fod , skråt køre ;

Thy fasthed gør min kreds bare ,

Og gør mig slutte , hvor jeg begyndte .

Vidste du?

Den officielle våbenskjold i det tidligere land øst

Tyskland fremhævede en hammer og et kompas omgivet

af en ring af rug . Disse objekter repræsenterede arbejdere ,

intellektuelle og landmænd , hhv.

kuglepenne

Kuglepenne bruger tyktflydende blæk, der er udleveres af

rullende virkning af en lille kugle placeret på spidsen af pennen.

Kuglen sædvanligvis fra 0,5 mm til 1,2 mm i diameter , kan

være fremstillet af messing, stål , wolframcarbid eller enhver anden

holdbart materiale .

Tidlige versioner af kuglepen blev patenteret multiple

gange , men blev aldrig en kommerciel succes . den første

patent blev udstedt den 30. oktober 1888 til John Loud , en

læder garver . Ideen kom til Loud da han forsøgte

at skrive på sine produkter , og han kunne finde nogen springvand

pen, der ville skrive på læder . Loud pen havde en lille

roterende stålkugle , holdt på plads af en stikkontakt. Men denne

pen blev aldrig fremstillet. Der var heller ikke nogen af de andre

350 patenter til bold -type penne , der er udstedt i løbet af den næste 50

år. Det største problem var ink- penne lækket

med tynd blæk og tilstoppet med tyk blæk. afhængigl af

temperaturen , vil pennen til tider gøre begge dele.

László Bíró , en ungarsk avis editor, var frustreret

af mængden af tid, at han spildt i fylde springvand

kuglepenne og oprensning udtværet sider. Han bemærkede, at

blæk, der anvendes i avistryk tørret hurtigt , forlader

papiret tørre og fri for snavs , og besluttede at oprette

en kuglepen , der brugte det . Men den viskose blæk ville

flyde ind i en fyldepen spids, så Bíró , med hjælp af

hans bror György , (gen) opfandt kuglepen og

patenterede det i 1938. Tidligere penne havde afhang af tyngdekraften

at levere blæk til bolden , hvilket skabte vanskeligheder

med strømmen og krævede , at der afholdes pennen næsten

lodret. Den Biro pennen brugte kapillarvirkning og et stempel

der tryk blækket kolonnen løse disse problemer.

Briterne fandt, at Biros ikke lække i stor højde ,

i modsætning til fyldepenne . Så de licenseret det nye design og

Den Biro kuglepen blev hurtigt bliver masseproduceret for

Royal Air Force .

Meget snart andre virksomheder også begyndt at fremstille

kuglepenne . Men alle af dem stadig står over for mange problemer.

Undertiden penne ville lække, tvære papiret eller

ikke skrive gnidningsløst. To mænd endeligt løst disse spørgsmål.

Den første var en amerikaner ved navn Patrick J. Frawley Jr.

I 1949 hans firma lancerede deres første kuglepen ,

den » Paper Mate ' , hvis salgsargument var den no- smøre

blæk. Den anden var en franskmand ved navn Marcel Bich ,

der lancerede en klar riflede , glat - skrivning, nonleaky ,

billig kuglepen i 1952 , at han kaldte

Den Kuglepen Bic . Den kuglepen var endelig blevet en

praktisk skriftligt instrument !

SCISSORS

De første saks sandsynligvis blev opfundet omkring år 1500

BC i det gamle Egypten eller Mesopotamien og spredes langsomt

gennem resten af den antikke verden via handel og

udforskning. Disse saks var af " forår saks '

sort, bestående af to bronze blade forbundet ved

håndtag af en tynd , fleksibel strimmel af buede bronze (den

omdrejningspunkt), som holdes bladene på linie , så

dem at blive klemt sammen og trækkes fra hinanden , når

frigives. Egyptiske bronze saks i det 3. århundrede

BC er unikke kunstgenstande . På hvert blad har de

dekorative mandlige og kvindelige figurer komplimenterede hver

anden. Disse er dannet af faste metalstykker med en

anden farve indlagt i bronze .

Spring saks fortsat brugt i Europa indtil

16. århundrede. Men i eller omkring 100 e.Kr. , romerske håndværkere

udviklede tværs klinge saks, hvor bladeedges

krydset og gled forbi hinanden , når der skæres . den

looping omdrejningspunkt stadig forblev , så saksen hvilede

i en åben stilling efter brug. Disse blev almindeligt

ikke kun i det gamle Rom , men også i Kina, Japan og

Korea. Mens cross- bladet idé stadig bruges i næsten

alle moderne sakse, kun få sorter som grassedging

saks beholde omdrejningspunkt .

På et tidspunkt i saksen ' evolution, en ukendt

opfinder indså, at større kontrol med mindre hånd

styrke kan opnås ved at opgive omdrejningspunkt,

adskillelse saksen i to stykker (forenede med en

skrue eller nitte) og gøre løkker til fingrene. I det femte århundrede , den skriftlærde Isidore i Sevilla , Spanien, der er beskrevet

cross -bladet saks med et center pivot som redskaber for

barber og skrædder. Sådanne drejelige saks af bronze eller jern

var direkte forfader moderne saks.

Drejelige saks ikke blev fremstillet i stort tal

indtil 1761 , da Robert Hinchliffe produceret det første par

af moderne saks lavet af hærdet og poleret

støbt stål. Hinchliffe boede i Cheney Square, London,

og var sandsynligvis den første person til at sætte et skilt

udråbte sig selv en fin saks fabrikant.

I løbet af det 19. århundrede, saks blev hånd- smedet med

kunstfærdigt dekorerede håndtag. Bladene blev dannet

ved at hamre stålet på indrykkede flader kendt som

chefer, og ringene i håndtagene , kendt som buer,

blev fremstillet ved at presse et hul i stålet og udvide

det med den spidse ende af en ambolt .

I 1967 Fiskars Corporation lancerede deres berømte

orange- håndteres saks , som stadig er meget populære.

Post-it noter

En Post-it eller Sticky note er et stykke brevpapir designet

til midlertidig fastgørelse noter til dokumenter og andre

overflader. Selv nu fås i en række farver,

former og størrelser , post-it sedler er normalt tre tommer

kanariefugl gul farvede firkanter . En unik lav klæbeevne

genanvendeligt selvklæbende strimmel på bagsiden giver noterne til at være

let fastgøres og fjernes uden at efterlade mærker.

Udtrykket Post-it og kanariefuglen gule farve er registrerede

varemærker tilhørende det amerikanske selskab 3M . indtil

1990'erne, da patentet er udløbet , blev de kun produceret

i 3M fabrikken i Cynthiana , Kentucky. Selv om andre

virksomheder nu producerer "klæbrige" eller genanbringelige noter

de fleste af verdens post-it sedler er stadig lavet .

I 1968 Dr. Spencer Silver, en kemiker på 3M, var

forsøger at udvikle en super- stærk lim , men

stedet uheld skabt en lav klæbeevne genbruges, pressuresensitive

klæbemiddel. I fem år , uden den store succes ,

Sølv forfremmet sin opfindelse inden for 3M både uformelt

og gennem seminarer. Det var først i 1974 , at en kollega

af hans, Dr. Art Fry, som havde deltaget i et af Silvers

seminarer , kom op med ideen om at bruge den selvklæbende

at forankre bogmærke i sin salmebog under

gudstjenester . Steg derefter videreudviklet ideen ved

drage fordel af 3Ms officielt sanktionerede tilladt

bootlegging politik : forskning personale fik lov til at tilbringe

10-15 procent af deres tid på at arbejde på kæledyr projekter .

Den gule farve af den oprindelige Post-it blev valgt af

ulykke - en lab næste døren til Post-it holdet havde skrot

gult papir , som holdet brugte for sine eksperimenter.

Til sidst 3M ledelse var overbevist om og noter

blev lanceret i 1977 i fire byer under navnet Press

'N Peel . Indledende salg var meget skuffende. imidlertid

et år senere, 3M distribueret gratis prøver til beboerne i

Boise, Idaho og en svimlende 94 procent af de mennesker,

der forsøgte dem sagde , at de ville købe produktet.

Endelig den 6. april 1980, at produktet debuterede i amerikanske butikker

som Post- it noter . I 1981 blev de lanceret i Canada

og Europa.

Vidste du?

Den ydmyge Post- it note er blevet brugt til at skabe alvorlige

kunstværker. I 2000 , for at fejre 20-årsdagen for

Post- it noter , kunstnere skabte kunst på dem. En sådan

virker ved RB Kitaj , solgt for £ 640 på en auktion , hvilket gør det

den mest værdifulde Post- it note på rekord.

hæftemaskiner

Den første kendte maskine til fastgørelse af papirer sammen

blev lavet i det 18. århundrede i Frankrig for den eksklusive

brug af kong Louis XV . Hver håndlavede hæfte var endda

afmærket med insignier det kongelige hof . imidlertid

maskinen blev aldrig solgt , ligesom den stigende brug

af papir i det 19. århundrede skabte efterspørgslen. amerikansk

og britiske opfindere snart begyndte at patentere diverse

hæftemaskine -lignende maskiner og indført flere konkurrerende teknologier på markedet . Denne kamp varede så sent som i

1940'erne for en simpel grund : ingen fik det helt rigtigt !

For eksempel i 1895 EH Hotchkiss Company

Norwalk, Connecticut, begyndte at sælge deres såkaldte No 1

Paper fastgører. Maskinen brugte en lang stribe af wiredtogether

hæfteklammer og takket være dets lethed- i-brug , blev så

populært, at det blev kendt blot som ' Hotchkiss '.

, Design krævede imidlertid en tung slag på

maskinens stemplet for at adskille hæfteklammer fra deres strimmel

og køre dem i en stak papir . Faktisk Hotchkiss

brugere ofte holdt små køller klar til dette formål.

Bortset fra patenter , den første offentliggjorte brug af ordet

hæftemaskine var i en reklame for Century Pin Paper

Hæftemaskine, der dukkede op i den amerikanske Munsey Magazine

i 1901. Men indtil 1920'erne , vilkår som papir

befæstelser , hæfte maskine, og hæfte bindemiddel blev brugt

at beskrive, hvad vi nu kaldes en hæftemaskine .

Papir grossist Jack Linksy grundlagt Swingline ,

som derefter gik på at blive en af de bedst kendte

dokument fastgørelses mærker i 1930'erne. I 1937

Swingline udviklet Swingline Speed hæftemaskine No

3 den første top- læsseindretning . Det blev straks

populær på grund af sin lethed -i-brug . I modsætning til tidligere modeller ,

hvor en skruetrækker og hammer var nødvendig for at indsætte

hæfteklammer , Linksy og hans ingeniører har skabt en patenteret enhed, hvor den øverste del af maskinen var simpelthen åbnet

og hæfteklammer faldt ret i.

Den moderne hæftemaskine er forblevet stort set uændret

da Linksy perfektioneret det i 1937. Swingline er også krediteret

med at skabe produkter , der er blevet pop kultur

vartegn, såsom den røde model featured i kulten

film Office Space . Elektriske modeller blev opfundet i

1950'erne , som gjorde dokument fastgørelse nemmere end nogensinde .

Vidste du?

Til denne dag , ordet for hæftemaskine i japansk er hochikisu ,

selvom Hotchkiss Virksomheden har længe været ude af

virksomhed.

blyantspidsere

Før udviklingen af dedikerede blyantspidsere , knive

(som pen- knive) blev anvendt til at skærpe blyanter af

snittede dem. Nogle specialiserede typer af blyanter , såsom

som tømrer blyanter , stadig skærpet med en kniv

grund af deres unikke flad form designet til at forhindre

dem rulle væk.

I 1828 en fransk matematiker ved navn Bernard

Lassimone opfandt den første mekaniske blyantspidser

og ansøgt om et patent . Den blyantspidser anvendte lille metal

filer , der er på 90 grader i en blok af træ, der skrabet og

jorde blyant tip . Men hans opfindelse ikke var

meget hurtigere end nedslidning og så ikke fange den. I 1847 , en anden franskmand ved navn Therry des Estwaux forbedret

på Lassimone design og kom op med en blyantspidser , der

arbejdet ved at dreje blyanten i et kegleformet hus .

I dag er dette design er kendt som prisme blyantspidser .

Walter Foster af Bangor , Maine, forbedret og forenklet

Estwaux design i 1855 , gør det muligt redskab til at være let

masseproduceret , og ved 1880'erne , var flere virksomheder

fremstiller prisme sharpeners i store mængder.

Mellem 1880'erne og 1910'erne , mange opfindere

103 Everyday Inventions.indd 18 5/22/13 9:37:34

19

blyantspidsere

og virksomheder tog udfordringen at forbedre op

mekanisk blyantspidser . Denne periode af innovation

næsten afsluttet i midten af 1910'erne , når blyantspidsere

ved hjælp af to planetariske cylindre med spiral skærkanter

begyndte at dominere markedet. Dette design lykkedes

fordi folk erkendt, at den rette tilgang til

skarphed blyanter var at holde både blyant og

blyantspidser støt og lade de indre funktioner flytter

ensartet over blyant , slibning det. De første forsøg

at gennemføre et sådant design inkorporeret sandpapir og /

eller knive , hverken som arbejdede meget godt. Så i

1896 AB Dick Planetary Pencil Pointer blev patenteret .

Denne blyantspidser brugt to fræsning diske, som ' kredsede

omkring deres akser , som de kredsede spidsen af blyanten '

hvilket er, hvad der kaldes en planetarisk mekanisme.

I 1904 Olcott Climax blyantspidser yderligere

forbedret design ved at indføre en cylindrisk skæring

hoved med spiral skærkanter i en planetarisk mekanisme.

Med undtagelse af den enkle, billige

prisme blyantspidser , har dette design fortsatte med at dominere

markedet. Den vigtigste ændring siden da har været

indførelse af elektricitet til at dreje skærehovedet .

Sådanne elektriske blyantspidsere til kontorer er blevet gjort

da mindst 1917 men ikke rigtig bliver kommercielt

levedygtig indtil 1940'erne.

Tape & tape

Scotch Tape , et navn på 3M, blev udviklet i

1930'erne i Minneapolis, Minnesota fra American opfinder

Richard Gurley Drew . Da Drew sluttede 3M i 1923 ,

det fremstilles hovedsagelig sandpapir og andre slibemidler .

En eftermiddag , Drew , der var en ung lab assistent ved

tid , besøgte en auto Body Shop i St. Paul , Minnesota, til

afprøve en ny batch af sandpapir . Der fandt han nogle meget

vrede arbejdere. To -farve auto maling job , som var

populære på det tidspunkt , pålagt dem at maskere visse dele

af bilen ved hjælp af tunge tape og gamle aviser .

Efter malingen tørret , fjernes de på bånd og ofte

skrællet væk en del af den nye maling !

Drew indså, at der var et marked for bånd med mindre

aggressiv lim og så begyndte en lang og frustrerende

søgen efter den rette kombination af materialer. Han tilbragte to

år eksperimenterer før udvikle en formel, der

blev holdt klæbrig med tilsætning af glycerol og bakkes

med crepe papir. 3M endelig lanceret Drew maskering

bånd i 1925. Den oprindelige design havde lim langs dens

kanterne, men ikke i midten. I sin første prøvekørsel , det faldt

bilen og en frustreret auto maler brummede på Drew ,

" Tag dette bånd tilbage til de skotske chefer for dit! ' By

Scotch han mente nærige . Kaldenavnet stukket.

Ufortrødent , Drew gik tilbage til arbejde og begyndte at

udvikle en vandtæt overdækning jernbanevogne . En dag

han talte med en kollega 3M forsker, der overvejede

emballage 3M Afdækningstape ruller i cellofan , en ny

fugttætte indpakning skabt af DuPont. Hvorfor , Drew

undrede sig, kunne ikke cellofan være belagt med klæbestof

og bruges som forsegling tape for hans jernbanevogne ?

I juni 1929, Drew bestilt 100 meter fra cellofan med

som til at foretage eksperimenter. Han udtænkte snart et produkt

prøve, der viste løfte til emballering alle former for

produkter. Men det var vanskeligt at anvende lim jævnt

på cellofan , hvilket split let under maskine

overtræk. Det tog Drew over et år til at løse disse problemer

og det var ikke før slutningen af 1930'erne at 3M endelig lanceret

Scotch tape . Det gik på at blive en af de
mest berømte og udbredte produkter i historien om
3M . Dens succes markerede begyndelsen af selskabets
diversificering, og hjalp dem til at blomstre på trods af
Store Depression.

Sellotape , lanceret af englændere Colin Kininmonth
og George Gray i 1937 , er den førende tape mærke
i UK , Indien og andre lande. Det blev skabt af
belægning cellofanfilm med en naturlig gummi harpiks.

RETTELAK

Tidlig korrektion væsker var typisk hvide blæk, som
matchede ikke papirfarven meget godt , tog en lang
tid til at tørre , og var vanskelige at skrive over . En af de
første moderne korrektion væsker blev opfundet i 1951 af
en sekretær fra Dallas, Texas , opkaldt Bette Nesmith
Graham. Graham begyndte at arbejde som en udøvende
sekretær kort efter Anden Verdenskrig. Hun besluttede snart
finde en bedre måde at rette sine indtastningsfejl .
En dag Graham sætte nogle tempera vandbaseret maling,
farvet til at matche brevpapir hun brugte , i en flaske ,
og tog hende akvarel pensel til at arbejde. Hun brugte det til
korrigere hendes slåfejl og fandt, at hendes chef aldrig
bemærket. Snart en anden sekretær oplevede den nye opfindelse

og bad om nogle. Graham fundet en grøn flaske derhjemme,

skrev Mistake Out på en etiket , og gav det til sin ven .

Snart alle sekretærer i bygningen ville det også.

I 1956 Graham startede Mistake Out Company (senere

omdøbt Liquid Paper) fra hendes North Dallas hjem. hun

vendte hendes køkken i et laboratorium , blanding en forbedret

produkt i blenderen . Hendes søn , Michael Nesmith , senere

berømt som sanger / guitarist i populære 1960 band The

Monkees og hans venner fyldte flasker til kunderne.

Oprindeligt Graham gjort lidt penge på trods af natarbejde

og i weekenderne til at udfylde ordrer. Men en dag , hun gjorde

en skrivefejl på arbejdspladsen, som selv Mistake Out kunne ikke

korrigere , og blev fyret. Hun besluttede derefter at afsætte al sin

tid til sin nye selskab , og erhvervslivet snart boomede .

Flydende Papir blev en million dollar forretning med 1967.

En anden større brand af rettelak er Wite -Out , nu

fremstillet af BIC Corporation. Dens historie går til

1966, da George Kloosterhouse et forsikringsselskab - selskab

degnen , bemærkede , at nutidens rettelak tendens

at udtvære blækket på fotokopier . Kloosterhouse med

hjælp af kemiker Edwin Johanknecht , så udviklede

' Wite -Out WO- 1 Sletning Flydende' specielt til

fotokopier . I 1971 grundlagde de Wite -Out Products

Inc. at sælge den.

Tidlige former for Wite -Out sælges gennem 1981 blev vandbaseret og vandopløselige. Mens dette gjorde det let at rengøre,

Det tog også længere tid at tørre og fungerede ikke godt på nonphotocopier

medier såsom maskinskrevne dokumenter.

Virksomheden rettet disse problemer i juli 1990 af

indføre et opløsningsmiddel -baseret, hurtigtørrende , »For Everything '

rettelak . I dag , Flydende Papir og Wite -Out forblive

de mest populære rettelak mærker i Nordamerika ,

Australien og Brasilien , mens Tipp-Ex er populære i Europa .

vækkeure

Folk har gjort ure med alarm

mekanismer siden oldtiden. Den græske filosof

Platon blev siges at besidde en stor vand ur med en

alarmsignal ligner lyden af en vand organ. den

Hellenistisk ingeniør og opfinder Ctesibius monteret hans

vandure med kunstfærdige alarmsystemer, som kunne

gøres for at slippe småsten på en gong eller blæse trompeter på

forudindstillede tidspunkter. Mange store vand -drevne vækkeure,

mens der ikke er meget præcise, blev bygget i Europa , Kina og

den arabiske verden i de kommende århundreder. de var

især populære i klostre, hvor munkene skulle

chant bønner på faste tidspunkter .

De første mekaniske ure drevet af faldende vægte

blev foretaget i det 14. århundrede. Nogle af ur tårne i

Vesteuropa bygget i denne periode var i stand til

kime på et fast tidspunkt hver dag. Den berømte florentinske

forfatter Dante Alighieri , i 1319 , er beskrevet i sine skrifter

en af de tidligste af disse mekaniske ure. den mest

berømte originale slående klokketårn stadig stående er

muligvis den ene i Markuspladsen , Venedig, som var

samlet i 1493 .

Bruger - indstillelig mekaniske vækkeure absolut dateres tilbage til det 15. århundrede Europas mindst .
Disse tidlige alarm

ure havde en ring af huller i urskiven og blev sat

ved at placere en nål i det relevante hul. opfindelsen

af fjederen tillades ure til at blive mindre . ved

1620, husholdningsartikler ure var i brug , og nogle havde endda

alarm mekanismer.

Det er blevet fejlagtigt angivet , at Levi Hutchins , en

urmager fra Concord , New Hampshire, opfundet

den første alarm clock for at vække sig selv op i tide til

sit job. Det er rigtigt , at i 1787 , Hutchins stak arbejdssteder

af et stort ur i et mindre kabinet , indsat en pinion

eller redskaber , og ventede på ankomsten af 4:00 . når fire

Klokken endelig kom rundt , gear blev udløst , hvilket

sætte en klokke i bevægelse. Imidlertid blev Hutchins ' anordning lavet

kun for sig selv, kun ringede kl 4 og holdes ringetoner indtil

foråret løb. Desuden havde andre opfindere havde

lignende ideer før . Den franske opfinder Antoine Redier

var den første til at patentere en justerbar mekanisk vækkeur

i 1847 . Den Seth Thomas Clock Company of Connecticut,

USA , blev tildelt et patent i 1876 for en lille seng

vækkeur. I slutningen af 1870'erne , disse ure blev populær

og alle de store ur virksomheder begyndt at lave dem.

Derfra gik det hurtigt . Repeater alarm var

opfundet, elektricitet tilladt motorer til at flytte hænderne , og

bipper , kvidrer , og sangene erstattet lyden af klokker.

stiftblyanter

Indtil begyndelsen af det 20. århundrede , producenter

producerede bly indehavere snarere end ægte mekanisk

blyanter . En ledende indehaver er simpelthen et rør , der holder en pind

af bly , med ingen måde til at fremme eller trække føringen, da det

er brugt op . En af de tidligste bly indehavere blev fundet

ombord på vraget af det britiske krigsskib HMS Pandora,

der sank i 1791 efter grundstødning på Great

Barrier Reef nær kysten i Australien. Denne lead holder

blev opdelt i to halvdele for omkring tre fjerdedele af dets

længde, således at den ene halvdel kunne fjernes for at placere en ny

grafit »lede« indeni. Thomas Jones fra Whitechapel ,

London havde patenteret denne type blyant i 1783 .

Det første patent på en stiftblyant med bly- skruens

mekanisme blev udsendt i 1822 i Storbritannien til at Sampson

Mordan og John Hawkins . Deres opfindelse var ikke et sandt

mekanisk blyant, som brugere måtte bære ensartede stykker

af bly i deres lommer til at bruge , når det er nødvendigt.

Mordan selskab fortsatte med at fremstille blyanter

og en bred vifte af sølv objekter indtil Anden Verdenskrig.

Mere end 160 patenter relateret til mekaniske blyanter var

udstedt mellem 1822 og 1874 . Eksempelvis A.W. Faber

fra Tyskland skabte en model omkring 1860. Denne blyant blev markedsført mod arkitektoniske ordførere og var

hule , så det kunne være forsynet med en længere bly. I 1861 ,

Faber også patenteret twist -locking koblingsmekanisme

til blyanter . Den første fjederbelastet mekanisk blyant var

patenteret i 1877 og et twist - foder mekanisme i 1895.

I Japan Tokuji Hayakawa introducerede Ever -Ready

Spids blyant i 1915 , byder på en holdbar metal skaft

fremstillet af nikkel, en skrue - mekanisme , og en

skarpe bly. Ever -Sharp snart begyndte at sælge i stor

numre. Hayakawa selv gik på at finde den

Sharp Corporation. Opkaldt efter sin blyant , i dag er det en

multinationale elektronik virksomhed .

Omkring samme tid , amerikaneren Charles R. Keeran

var at udvikle en lignende blyant med en meget tynd bly

der ville blive forløber for de fleste af nutidens

blyanter . Hans design, som han navngav Eversharp , var

ergonomisk , let at fremstille , pålidelig og

holdbare. Det blev skralde -baseret, mens Hayakawa s var

skrue -baseret. Den Wahl Company of Chicago købt ud

Keeran i 1917 og begyndte at sælge sine mekaniske blyanter

af de millioner . Andre producenter, såsom Sheaffer ,

Parker og Waterman fulgte snart. Dag direkte

efterkommere af disse klassiske blyanter kan findes i ethvert

brevpapir eller kontor - forsyning butik .

frimærker

En række mennesker har krav på begrebet

frimærke. I 1680 , William Dockwra og hans partner

Robert Murray etablerede London Penny Post,

som leverede breve og mindre pakker i London for

en øre. Mange historikere mener, at dette være verdens

første moderne postvæsen. I modsætning til dagens post , dog

porto blev først betalt efter bogstavet blev leveret

og accepteret.

I 1835 , det østrig-ungarske embedsmand Lovrenc

Koširy foreslog brugen af ' kunstigt anbragt postal skat

frimærker ' hjælp gepresste papieroblate (pressede papir wafers) .

En skotsk printer og forlægger , James Chalmers , også

hævdede at være opfinderen af klæbemidlet frimærke

og forelagt et forslag til den britiske General Post

Kontor i 1838 .

Men frimærker som vi kender dem var først

indført i Det Forenede Kongerige i 1840 som en del af

postale reformer fremmes af lærer , opfinder og social

reformator Sir Rowland Hill.

Hill større mål var at vende den stadige økonomiske tab

af Post Office og hans projekt blev kendt som

Great Post Office Reform . Han overbeviste Parlamentet

vedtage Uniform Fourpenny Post, der gik ind

virkning i 1839 . Den første forudbetalte frimærke , penny

sort , blev sat til salg maj 1840 . To dage senere

to - pence blå blev indført. Begge frimærker inkluderet

en gravering af den unge dronning Victoria. Men sort var

ikke et godt valg af stempel farve , da enhver annullering

varemærker var svært at se . Så fra 1841 frimærker, de

blev trykt i en mursten- rød farve. Andre lande snart

fulgt med deres egne frimærker. Schweiz har udstedt

Zürich 4 og 6 Rappen i 1843. Brasilien udsendte Bulls Eye

stemple samme år , vælger en abstrakt design i stedet

et portræt af kejser Pedro II, således at en poststemplet

ville ikke skæmmer hans image. De første frimærker i Indien

blev udstedt i oktober 1854 med fire værdier: halv Anna,

en anna , to Annas (i grøn), og fire Annas . sidstnævnte

var en af verdens første tofarvede frimærker - i rødt og

blå. Alle fire varianter featured en ungdommelig profil af dronning

Victoria og blev designet og trykt i Calcutta.

Efter indførelsen af frimærket den

antal bogstaver i Storbritannien steget dramatisk. ved

1850 var antallet af breve steg fra 76

millioner til 350 millioner, og fortsatte med at vokse, indtil den

slutningen af det 20. århundrede. Men i dag, e-mails har

drastisk reduceret brug af frimærker .

skrivemaskiner

Et antal mennesker har bidraget til udviklingen af

kommercielt succesfulde skrivemaskiner. Italiensk Pellegrino Turri

opfandt den første arbejdsdag skrivemaskine i 1808 ; de indtastede bogstaver

på sin maskine stadig eksisterer. Turri opfandt også karbonpapir til

levere blæk til sin maskine . Mange tidlige maskiner, herunder

Turri s , blev udviklet for at gøre det muligt for blinde at skrive.

Mellem 1829 og 1870 , mange opfindere i Europa og

Amerika patenterede print eller skrive -maskiner , men ingen

af dem gik i kommerciel produktion. Nogle af disse

maskiner omfatter amerikaneren Charles Thurber opfindelse til

hjælpe blinde i 1843 , Italiensk Giuseppe Ravizza prototype

skrivemaskine kaldet Cembalo Scrivano o macchina da scrivere en tasti ,

en maskine til at skrive med taster i 1855 og brasiliansk præst

Francisco João de Azevedos skrivemaskine i 1861.

I 1865 rev Rasmus Malling -Hansen i Danmark opfandt

Hansen Writing Ball , det første kommercielt solgt

skrivemaskine . Den gik i produktion i 1870. Dens karakteristiske

funktion var et arrangement af 52 taster på en stor messing

halvkugle. Denne maskine var en succes i Europa, og

anvendes i kontorer i London indtil 1909.

Den første skrivemaskine til at være en kommerciel succes var den Remington nr. 1. . Amerikanske opfinder Christopher Sholes designet det med lidt hjælp fra Samuel Soule og Carlos Glidden . Denne maskine blev kommercialiseret som Sholes og Glidden Type - Writer , som var oprindelsen af udtrykket skrivemaskine . William K. Jenne videreudviklet Sholes ' design og Remington Company begyndte produktionen af sin første skrivemaskine i 1873 prissat til 125 dollars.

The Remington nr. 1 havde malet blomster og mærkater og kiggede mere som en symaskine . Det indarbejdet elementer såsom en cylindrisk plade , og de første fire - rækket QWERTY tastatur, som på grund af maskinens succes , blev snart vedtaget ved andre skrivemaskine producenter. Men denne maskine kunne kun udskrive store bogstaver . En væsentlig nyskabelse i historien om skrivemaskiner var skift og skift lås nøgler, som tillod både store og små bogstaver output fra samme tastatur. Denne funktion bidraget til at forenkle maskinskriver drift og reducere produktionsomkostningerne , hvorved pris af skrivemaskiner . Den første skrivemaskine med en shift-tasten var Remington nr. 2, 1878 .

Skrivemaskiner ikke blevet almindelig i kontorer indtil efter midten af 1880'erne . Dette gjorde det muligt for kvinder at deltage i arbejdsstyrken i store tal for første gang. I 1909 , 89 separate skrivemaskine producenter eksisterede i USA alene, og ved 1910 den mekaniske skrivemaskine havde nået et standardiseret design.

ELECTRIC skrivemaskiner

Den universelle Stock Ticker blev opfundet af Thomas Alva

Edison i 1870. Denne populære elektrisk Printeren har modtaget signaler

fra en telegraf linje og automatisk output breve og

numre , hovedsageligt aktiekurser , på en papirstrimmel. Edison senere

bygget en skrivemaskine drevet af en række af magneter , men det var

store, dyre og kommercielt mislykket .

Den første praktiske elektriske skrivemaskine blev udviklet af

Amerikansk George Blickensderfer og lanceret af hans

Virksomheden , der er baseret i Stamford, Connecticut, i 1902. Den Blick

Electric havde nogle fordele senere elektriske skrivemaskiner ,

herunder lys centrale hånd , selv skriver, og automatisk

linjeskift . Maskinen blev drevet af en Emerson

elmotor. Men selv dette var ikke kommercielt

succes, muligvis fordi det indtastet langsomt eller fordi

elforsyning var endnu ikke blevet standardiseret .

James Smathers Kansas City, Missouri, opfandt

første praktiske maskinelt betjent skrivemaskine . Smathers

ønskede at øge skrivehastigheden og mindske træthed

og han havde afsluttet en arbejdsmodel af 1912. I

1923 det nordøstlige Electric Company of Rochester, New

York , havde erhvervet Smathers ' patent. nordøst yderligere

udviklede Smathers ' design , så de kunne markedsføre det til

skrivemaskine fabrikanter. I 1925 blev det brugt til at lancere de Remington Elektriske skrivemaskiner. Og i 1929 , det nordøstlige

indtastet skrivemaskinen forretning for sig selv , der producerer den

først Electromatic skrivemaskine.

I 1935 , IBM, der havde erhvervet Electromatic

teknologi , nydesignet og lancerede det som IBM Electric

Typewriter Model 01. . Smathers tiltrådte IBM, hvor han

fortsatte med at arbejde på skrivemaskiner . I 1941 , IBM lancerede

Den Electromatic Model 04 , der indførte proportional

bogstavsafstand (knibning) hvor skrivelser såsom 'i' og 'W'

have forskellige bredder. Denne nyskabelse maskinskrevet

dokumenter ser mere som udskrevne sider. I 1961 IBM

lancerede det revolutionerende Selectric , som elimineret

» marmelade « og tilladte hurtige font ændringer ved udskrivning med en

små, sfæriske ' typeball ' i stedet for traditionelle type barer.

Selectric dominerede kontor skrivemaskine markedet i mindst

to årtier . Senere versioner tilføjede også evnen til at korrigere

slåfejl og ændre skriftstørrelse i dokumenter.

Elektroniske skrivemaskiner begyndte at erstatte elektriske dem i

begyndelsen af 1980'erne. Disse maskiner , udviklet af Xerox , Brother,

og Canon, var tidligt tekstbehandlere . De havde elektronisk

erindringer , displays, stave-og grammatikkontrol , og

diskdrev. I dag , pc'er og laser eller inkjet

printere har erstattet elektroniske skrivemaskiner .

CELLOPHANE

Cellofan er en tynd, gennemsigtig plade lavet af

regenereret cellulose , en naturlig polymer af glukose

anskaffes i store mængder fra træmasse eller bomuld fnug.

Det er 100 procent bionedbrydelige og dens lave permeabilitet

til luft, olie, fedt , bakterier og vand gør det nyttigt

til emballering af fødevarer .

Cellofan opstået fra en serie af indsatsen gennemført

i slutningen af det 19. århundrede til at producere kunstige materialer

ved kemisk ændring af cellulose. I 1892 , engelsk

kemikere Charles F. Kors og Edward J. Bevan patenteret

viskose, en opløsning af cellulose behandlet med kaustisk soda

og carbondisulfid .

Cellofan blev opfundet af den schweiziske kemiker Jacques Edwin

Brandenberger . Når Brandenberger blev siddende på en

restaurant i 1900, da en kunde spildt vin på

dug. Da tjeneren erstattet kluden, besluttede han

at opfinde en klar fleksibel film til anvendelse til stof , der gør det

vandtæt. Hans første tanke var at sprøjte en vandtæt belægning

på stof og han valgte at prøve viskose. Den resulterende coatede

stof var alt for stiv , men klar film let adskilles

fra bagsiden klud og han opgav sine oprindelige planer

da mulighederne i dette nye materiale blev klar.

Det tog ti år, Brandenberger at perfektionere sin film , som

han havde opkaldt Cellophane fra ordene cellulose og

diaphane ("gennemskuelig") . Hans chef innovation var at tilføje glycerin til at blødgøre materialet. I 1912 havde han konstrueret

en maskine til fremstilling af film og patenteret .

Cellofan så begrænset salg først da det var vandtæt,

men ikke fugt bevis - det holdt vand, men var gennemtrængelig

for vanddamp . Dette betød, at det var uegnet til

emballage produkter , der krævede fugt korrektur.

Den amerikanske kemivirksomhed DuPont hyret kemiker

William Hale Charch , der tilbragte tre år på at udvikle

nitrocellulose lak , når de anvendes til Cellophane

gjort det fugttæt . Efter sin introduktion i 1927 ,

materialets salget tredoblet mellem 1928 og 1930. Af 1938

Cellofan tegnede sig for 10 procent af Du Pont salg

og 25 procent af sit overskud .

Cellulosefilm er blevet fremstillet kontinuerligt

siden midten af 1930'erne og er stadig bruges i dag. Udover mad

emballering, det har mange industrielle applikationer som godt,

såsom en base for selvklæbende bånd , en semipermeabel

membran, som anvendes i visse typer af batterier , som dialyse

slanger, Visking slange, og som et slipmiddel i

Fremstilling af glasfiber og gummiprodukter.

viskelædere

Typiske viskelæder eller gummier er fremstillet af syntetisk gummi.

Viskelæder afhente grafit partikler , og dermed fjerne blyant

mærker fra overfladen af papiret. Dette fungerer, fordi

molekyler i viskelædere er " trægt " end det papir , så når

viskelæderet gnides på blyantsmærke , grafit

klæber til viskelæder , snarere end papiret.

Før viskelædere blev tabletter af gummi eller voks bruges

at slette bly eller kul mærker fra papir. Bits af uslebne

sten som sandsten eller pimpsten blev anvendt til at fjerne

små fejl fra pergament eller papyrus dokumenter

skrevet med blæk . Skorpe mindre brød blev også anvendt som en

viskelæder ; i virkeligheden en Meiji - æra (1868 - 1912) studerende i Tokyo

sagde: ' Brød viskelædere blev brugt i stedet for viskelædere

og så de ville give dem til os med ingen begrænsning på

beløb. Så vi tænkte ikke noget at tage disse og spise

en fast del til i det mindste lidt tilfredsstille vores sult ... "

Brød var den bedste af alle de stoffer, der anvendes til at fjerne

blyant markerer indtil naturgummi blev tilgængelig i

den gamle verden. Engelske kemiker og teolog Joseph

Priestley var den første til at beskrive anvendelsen til fjernelse

blyantstreger . I 1770 fortalte han læserne af hans bog Familiar

Introduktion til teori og praksis perspektiv, hvor

at købe de første viskelædere lavet af gummi :

Da dette arbejde var udskrevet fra , har jeg set et stof

udmærket tilpasset til formålet med at tørre fra papir

tilhørende en sort - bly- blyant. Det må derfor være på ental

bruge til dem, der praktiserer tegning. Det sælges af Mr. Nairne ,

Matematisk Instrument -Maker , overfor Royal Exchange.

Han sælger et kubisk stykke , på omkring en halv tomme , tre shillings ;

og han siger, at det vil vare flere år.

Men naturgummi er også fordærvelige. I 1839

Amerikanske opfinder Charles Goodyear opdagede

proces vulkanisering , hvor svovl tilsættes til

gummi til 'helbrede' det og gøre det holdbart. viskelædere

blev almindeligt med fremkomsten af vulkanisering .

Den 30. marts 1858 Hymen Lipman af Philadelphia, USA

modtog det første patent til fastgørelse af en viskelæder til enden

af en blyant . Blyanten havde en rille på sin spids , i hvilken

et viskelæder var limet . Ved begyndelsen af 1860'erne , den berømte Faber-

Castell virksomhed, grundlagt i Tyskland i 1761 og stadig

velkendt i dag , var at gøre blyanter med vedhæftet

viskelædere . Meget snart derefter , andre virksomheder også

begyndte at lave lignende blyanter , som kom til at blive kendt

som penny blyanter , fordi de var billige. de

blev hurtigt meget populær .

papirclips

Fastgørelse af papirer er blevet historisk dokumenteret

så tidligt som det 13. århundrede , når folk sætter et bånd

gennem parallelle indsnit i hjørnerne af siderne. senere

bånd blev voksbehandlet for at gøre dem stærkere og

lettere at fortryde og redo . Denne metode til klipning papirer

sammen fortsatte i de næste 600 år . Mange gange,

masse -producerede lige ben , der blev indført i 1835 , var

anvendes også til fastgørelse af papirer , selv om de ikke var

designet til dette formål .

Det første patent på en bøjet ledning papirclips var sandsynligvis

tildelt Samuel B. Fay i USA i 1867.

Dette klip var oprindeligt beregnet til fastgørelse billetter til

stof , men Fay indset, at det også kan anvendes til at fastgøre

papirer sammen. Skønt funktionelle og praktiske , Fays

design sammen med de 50 eller deromkring andre designs patenterede

forud for 1899 blev aldrig annonceret eller solgt bredt .

Bent -leder papirclips blev populær efter massproduced

ståltråd , og maskinen til at bøje det

pålideligt og billigt blev tilgængelig i slutningen af det

19. århundrede. Den mest almindelige type af tråd papirclips

stadig er i brug , perle papirclips , aldrig blev patenteret , men

var mest sandsynligt bliver produceret i Storbritannien af The Gem

Manufacturing Company i begyndelsen af 1870'erne. en 1883

artikel om Gem Papir - Fasteners roser dem for at være

"bedre end almindelige stifter « for » binding sammen papirer

om samme emne , et bundt breve, eller sider af et

manuskript ' . Papirclips stadig kaldes perle

clips og på svensk, ordet for enhver papirclips er perle.

Siden da utallige variationer over samme tema har

blevet patenteret men den oprindelige perle typen har vist sig at være

den mest praktiske , og følgelig er stadig langt den mest

populære. Andre figurer er stadig lejlighedsvis anvendes, såsom

Non- Skid ; Ideal , som bruges til bundter af papir; den

Ugle , opkaldt efter sine to øjeformede kredse; og den perfekte

Gem eller gotisk , der er begunstiget af bibliotekarer , fordi dens

længere ben gør det mindre sandsynligt at bøje og rive papiret.

En norsk , Johan Vaaler , er blevet fejlagtigt identificeret

som opfinderen af papirclips . I virkeligheden Vaaler s

opfindelse blev aldrig fremstillet eller markedsført, fordi

ved da den overlegne perle var allerede tilgængelige. imidlertid

længe efter Vaaler død, hans landsmænd skabt en

national myte baseret på den fejlagtige antagelse, at den

papirclips blev opfundet af en ukendt norsk

geni. Efter Anden Verdenskrig , papirclips selv blev en

symbol på national enhed og stolthed i Norge.

sikkerhedsnåle

En sikkerhedsstift er en variation af den normale pin herunder en

simple fjedermekanisme og en lås . Låsen har to

formål: at danne et lukket kredsløb , således at fastgøre stiften

mere sikkert og også til at dække sit skarpe ende for at forhindre

nålestik . De er almindeligt anvendt til at fastgøre sammen

stykker stof som beskadigede tøj og stofbleer

(bleer), men har flere andre anvendelser.

Selv nedenfor er blevet anvendt som skruer forhistorisk

tider, frodig amerikansk mekaniker og opfinder Walter

Hunt i New York betragtes som opfinderen af

moderne sikkerhedsnål . Behøver at afvikle en $ 15 gæld med en

ven , en dag Hunt besluttet at opfinde noget nyt

for at betale det ud. Han var vride et stykke af messing

wire, der var omkring otte inches lang, da han besluttede at

gøre en spole i midten af tråden , så det ville åbne op

når den slippes. Han tilføjede derefter en separat lås og punkt

i den anden ende , så det punkt at blive tvunget ind i

hægte af foråret. Låsen holdt også fingre sikkert fra

skade - deraf navnet " sikkerhedsnål ". Hele opfindelse

tog Hunt kun tre timer at skabe .

I 1849 Hunt modtaget et patent på sin opfindelse , men snart

solgt rettighederne til WR Grace and Company for kun $ 400,

hvilket ville være lidt mere end $ 10,000 i dag. hvad

Hunt har undladt at indse , var, at i de kommende år at følge, WR

Grace, som stadig eksisterer som en producent af speciale

kemikalier og materialer , vil gøre millioner af dollars

i overskud fra hans opfindelse.

Hunt manglende tjene penge fra hans opfindelse var

typisk for manden. Han var en alsidig og kreativ

opfinder, der skabte en forbløffende vifte af romanen

enheder, herunder lockstitch symaskine , en

forløberen for Winchester gentage riffel , en vellykket

hør spinner, (fremstillet stadig en kniv blyantspidser og

udbredt i dag) , fyldepen , en søm -making

maskine, en restaurant damp bord , et træ - fældning sav, en

skibets isbryder , inkstands , en sporvogn klokke , en hard- coalburning

komfur, kunststen, gadefejning maskiner

den velocipede (en tidlig cykel) , en sko hæl, en ceilingwalking

anordning, der anvendes i cirkus , og isen plov.

Desværre for ham, han har aldrig forstået det kommercielle

betydningen af hans egne opfindelser og enten undladt at

patent dem eller solgte patenter for meget små beløb af

penge .

kaleidoscopes

Et kalejdoskop er en cylinder med spejle , der indeholder

løs, farvede genstande såsom perler, småsten og bits

af glas. Som man ser ind i den ene ende , lys ind i hinanden,

afspejler off af spejlene , og skaber farverige mønstre .

Ordet " kalejdoskop " blev opfundet i 1817 af skotske

opfinder Sir David Brewster . Det er afledt af

Oldgræsk καλός (kalos) betyder ' smukke, skønhed ' ,

εἶδος (Eidos) betyder ' det, der ses : formular , form '

og σκοπέω (skopeō) betyder ' at se til , for at undersøge ' ,

dermed ' observatør af smukke former. "

Sir David Brewster var en skotsk fysiker , matematiker,

astronom , opfinder , forfatter og universitet hovedstolen.

Han begyndte det arbejde, der førte til kalejdoskop i 1815

mens gennemføre eksperimenter på lys polarisering.

Mens han sad og så på nogle objekter i slutningen af to

spejle , Brewster bemærket, at mønstre og farver var

genskabt og reformeret i smukke nye arrangementer.

Fascineret , besluttede han at oprette en enhed til at generere

sådanne mønstre . Hans oprindelige design bestod af et rør med

par af spejle i den ene ende , par af gennemskinnelige diske på

de andre og perler mellem de to. Brewster opkaldt

og patenteret sin opfindelse i 1817 og valgte berømt

videnskabeligt instrument maker Philip Carpenter som sit eneste

fabrikanten. Det viste sig hurtigt at være en massiv succes

med 200.000 kaleidoscopes solgt i London og Paris i

blot tre måneder .

Brewster begyndte at tro, at han ville gøre en masse penge

fra hans populære opfindelse. Men nogen snart,

indset, at en fejl i sin patentansøgning , GB 4136 ,

tilladt andre at frit at kopiere det. Tilsyneladende, en prototype

havde været vist til London optikere og kopieret, før

patentet blev meddelt . Som et resultat, kalejdoskopet

begyndte at blive produceret i stort tal, men gav ikke noget

direkte økonomiske fordele for Brewster .

I første omgang tænkt som en videnskab værktøj , Kalejdoskop var

senere solgt som et stykke legetøj . De blev meget populær i løbet af

Victorianske tidsalder som en malkestald afledningsmanøvre. I løbet af 1870'erne ,

en af de mest populære USA kalejdoskop maker

var Charles Bush. Han patenterede sin malkestald kalejdoskop i 1873 . Disse legetøj , som blev foretaget med en rund bund

eller som en sjældnere firbenede version er nu meget efterspurgt

efter af samlere.

En fornyet interesse for kaleidoscopes begyndte i slutningen af

1970'erne , og i 1980 , en udstilling hjalp interesse brændstof i

dem som en kunstform . I dag er der hundredvis af stor

kalejdoskop producenter og kunstnere.

SURFBOARDS

Surfbrætter blev opfundet i det gamle Hawaii , hvor de

blev bedre kendt som papa he'e Nalu på Hawaii

sprog. I disse dage , surfing var en dybt spirituel affære ,

fra kunsten at ride på bølgerne selv, at bede

for god surf, og ritualer omkring bygningen af et

surfbræt . Surfing var ikke kun ment for rekreation , men

også for uddannelse af høvdinge og løse konflikter . der var

to slags gamle surfbrætter : OLO , 14-16 meter lang

og kun redet af høvdingene eller adelsmænd , og Alaia ,

10-12 meter lang og rides af almuen . begge var

foretaget ved hjælp af massivt træ fra lokale træer , såsom Wili

Wili , Ula og Koa og kunne veje mere end 100 pounds.

De havde ingen finner og var ikke manøvredygtig . den ældste

surfbræt stadig eksisterer daterer sig tilbage til 1778 og kan være

findes i Hawaiis Bishop Museum .

Ved midten af det 19. århundrede, havde mange vestlige missionærer ankom i Hawaii og surfing var næsten døde ud . det var

ikke før begyndelsen af det 20. århundrede, at stenplatforme sammen med

Europæiske og amerikanske nybyggere begyndte at surfe igen. én

tidlig surfer, George Freeth , eksperimenterede med en kortere

bord design ved at skære sin 16 -fods Hawaii bestyrelse i halve.

Freeth blev den første professionelle surfer , fremme en

jernbaneselskab i Los Angeles , Californien.

Den næste større ændring skete i 1926, da Tom

Blake designet den første hule surfbræt . Det blev gjort

af redwood , havde hundredvis af huller boret i det, og var

indkapslet med tynde lag af træ på begge sider. Blakes

hule surfbræt var meget hurtig i vandet. det blev

meget vellykket og i 1930, var den første bestyrelse til at være

masseproduceret . Blake også opfundet den "faste finne ' i 1935.

Dette var en lille finne fastgjort til bunden af brættet

at tillade surfere at manøvrere bedre og give bestyrelserne

mere stabilitet .

I 1932 letvægts balsatræ fra Sydamerika havde

blevet et populært materiale til at bygge surfbrætter. efter

World War II glasfiber , plast og Styrofoam blev

bredt tilgængelige. En mand ved navn Pete Peterson byggede den første

glasfiber bestyrelse i 1946. I slutningen af 1950'erne, Hawaiian

George Downing udviklede den populære 'pistol ' surfbræt ,

opkaldt efter sin evne til at " jage " store bølger .

Shortboards , omkring 6 meter lang, blev populær i løbet

slutningen af 1960'erne på grund af deres lave vægt , hastighed og

manøvredygtighed. De blev oprindeligt kendt som ' lomme

raketter "og havde ofte to eller tre finner for mere stabilitet

i vandet. I dag er billige ' popud ' shortboards , opfundet

af den australske Shane Steadman i 1970'erne, dominerer

marked, selv om de traditionelle lange boards er stadig populære .

Jukeboxes

Mønt -opererede musik kasser og spiller klaverer var

første jukebox -lignende enheder. Disse enheder brugt papir

ruller, metaldiske eller metalcylindre at spille en musical

udvælgelse på de instrumenter lukkede i dem. i

1890'erne blev de følgeskab af maskiner, der bruges musical

optagelser i stedet for fysiske instrumenter.

En af de tidlige forløbere til moderne jukebox var

lavet af Louis Glass og William S. Arnold, der havde

placeret en mønt-opererede Edison cylinder fonograf i

Palais Royale Saloon i San Francisco i 1889. Dette var

første ' Nikkel- i- Slot ' maskine . Det havde ingen forstærkning og

kunder havde til at lytte til musikken ved hjælp af en af fire lytter

rør, noget i stil med akustiske hovedtelefoner. maskinen

var populær og tjent over $ 1000 inden for seks måneder .

Tidlige jukebox designs ulåst mekanisme,

modtage en mønt. Lytteren havde derefter at vende en krank

for at afspille musikken. De fleste maskiner var i stand til

holder kun en musikalsk markering. Ofte mange af dem

var knyttet til at lytte rør og placeres sammen i

fonograf malkestalde . Dette gav kunderne mulighed for at vælge

mellem flere poster , hver spiller ved sin egen maskine .

I 1918 Hobart C. Niblack patenteret et apparat , der automatisk skiftet poster. Dette førte til en af de første

jukeboxe med valgbar musik , der blev indført i 1927 af

Automated Musical Instrument Company.

I 1928 Justus P. Seeburg , der blev fremstiller spiller

klaverer , kombineret en højttaler med en mønt -opererede

pladespiller og gav lytteren et udvalg af otte

optegnelser. Denne Audiophone maskine havde otte separate

pladespillere monteret på en roterende pariserhjul -lignende enhed .

Sådanne forstærkede jukeboxe kunne konkurrere med et stort

orkester for blot omkostningerne af en nikkel (5 cents) .

Udtrykket jukebox kom i brug i USA omkring 1940

og var afledt af det fælles amerikansk sætning juke

fælles , hvilket betyder en berygtet bar eller natklub.

Jukeboxe var mest populære fra 1940'erne gennem

midten af 1960'erne . Ved midten af 1940'erne , tre fjerdedele af

de registre , der produceres i Amerika gik ind jukebokse .

De oprindeligt spillet musik indspillet på voks cylindre ,

som blev successivt erstattet af 78- rpm shellak

optegnelser, 45- rpm vinylplader , cd'er og MP3-filer . i dag

jukeboxe forbliver populære i barer , men er faldet ud

i unåde hos det, der engang var deres mest lukrative

steder - restauranter, Diners , kaserner , video

arkader, og Vaskerier .

tennisbolde

Ordet tennis stammer fra det franske ord tenez ,

udtales teney , hvilket betød ' tage op position "eller

simpelthen begynde. Spillet begyndte for mere end tusind år

siden. Det blev spillet af munke og kendt som jeu de Paume

eller håndfladen . Ketsjer var ... du gættede det ...

håndfladen af en hånd , og bolden var lavet af træ .

Senere spillere brugte læder luffer og en læder bold , syet

op med sener og proppet med noget , der kom til

hånd såsom halm , uld og hår - dyr eller menneske !

Disse tidlige bolde ikke hoppe , hvilket gør selve spillet

meget forskellig fra nu.

Den udvikling sporten blev populær med adelsmænd

og blev spillet som den høviske spil real tennis . I 1480,

Louis XI i Frankrig forbød påfyldning af tennisbolde med

kridt, sand savsmuld eller jord og erklærede, at de var

at være lavet af god læder, fyldt med uld. andre tidlige

tennisbolde blev foretaget af skotske håndværkere fra en woolwrapped

mave af et får eller ged og bundet med reb .

Nogle engelske tennisbolde stammer fra det 16. århundrede

blev fremstillet ud fra en kombination af kit og

menneskehår. Andre 16. århundrede versioner lavet af dyr

pels , reb lavet fra animalske indvolde og muskler, og

fyrretræ er blevet fundet i skotske slotte. I det 18. århundrede blev der strimler af uld viklet stramt omkring en

kerne lavet ved at rulle et antal strips til en lille kugle .

String blev derefter bundet i mange retninger på bolden og

et hvidt tekstilbetræk syet omkring det.

I begyndelsen af 1870'erne , den modificerede spillet lawn tennis

opstod i Storbritannien gennem den banebrydende indsats fra Major

Walter Clopton Wingfield og Harry perle . Wingfield

markedsføres tennis sæt, som omfattede massive gummikugler

importeret fra Tyskland . Det var lys og grå eller

rød farve uden tildækning . Deres iført og spille

egenskaber blev forbedret ved at dække dem med flannel

syet omkring gummikerne . Ved 1882 var Wingfield

reklame sine tennisbolde som svøbt i stout klæde

lavet i Melton Mowbray, England.

Bolden blev udviklet yderligere ved at gøre kernen hule ,

og i løbet af slutningen af 1920'erne , trykluftsforsyning den med gas. det

ændring førte til store fremskridt i tennis , da den nye

bolde hoppede højere og bedre , så hurtigere skud.

Siden 1972 har de officielle tennisbolde blevet farvet gul

at forbedre synligheden på tv. kun Wimbledon

modstod dette træk. De fortsatte med at bruge den traditionelle

hvide kugler i 1986.

Bordtennisbolde

Spillet bordtennis eller Ping- Pong stammer fra

Storbritannien i 1880'erne , hvor det blev spillet som en afterdinner

selskabsleg . Det er blevet foreslået , at British

officerer i Indien eller Sydafrika først udviklet

spillet. En række af bøger var stod op langs midten

af bordet som et net, to flere bøger tjente som ketsjere

og en golf - bold blev ramt fra den ene ende af bordet til den

anden og tilbage igen. Alternativt blev skovlene fremstillet af

cigarkasse låg og kuglerne ud af champagnepropperne . tidlig

ketsjere ofte stykker af pergament strakt ved

en ramme, og genererede lyde , der gav spillet sin

første kaldenavne wiff - WAFF og Ping -Pong . Sidstnævnte var

udbredt før britiske spilfabrikanten J. Jaques

& Son Ltd varemærkebeskyttet det i 1901. Ping- Pong derefter kom til

være begrænset til spillet spilles ved hjælp af den temmelig dyrt

Jaques udstyr, mens andre producenter kaldes

det bordtennis . En lignende situation opstod i USA

Stater, hvor Jaques solgt rettighederne til legetøj selskab

Parker Brothers .

Boldene , der anvendes i de tidligste bordtennis spil var

som regel lavet af snor , sejlgarn, gummi eller kork . imidlertid

gummikugler kastet for vildt og kork bolde kastet

for dårligt . En vigtig nyskabelse i spillet blev lavet af James Gibb , en britisk bordtennis entusiast. han

opdaget nyhed bolde lavet af celluloid , en tidlig

plast, på en tur til USA i 1901 , og fundet dem

være ideel til spillet. Dette blev efterfulgt af E. C. Goode

, der i 1901 opfandt den moderne version af ketsjeren

ved at fastsætte et ark pimple gummi til træ blad .

I 1950'erne, ketsjere , der tilføjede en underliggende svamp

lag ændret spillet dramatisk , indføre større

spin og hastighed. Brugen af hastighed lim øget spin

og fremskynde yderligere. I 2000 International Table

Tennisforbund indført flere ændringer i reglerne ,

herunder forøge diameteren af kuglerne fra 38

mm til 40 mm. Denne ændring øget luftmodstand

og effektivt bremset spillet, hvilket gør det lettere

at følge på tv. Men flytningen skabt nogle

kontroverser. Den kinesiske National Team fremførte, at det

var blot har villet give ikke- kinesiske spillere en bedre

chance for at vinde ! I dag , officielle 40 mm bordtennisbolde

vejer 2.7 g , er fremstillet af en høj - hoppende luftfyldte

plast og farvet hvid eller orange. I den seneste tid ,

stor kugle bordtennis, som er endnu langsommere, fordi den bruger

en diameter bold 44 mm , er også blevet populært.

vejrhaner

En mølle er en simpel barns legetøj lavet af et hjul af

papir eller plast krøller , der er knyttet til en pind på sin aksel ved

en nål. Det er en forgænger til mere komplekse whirligigs ,

populært kaldet whirlygigs , tegneserier vejrhaner ,

whirlijigs , og mange flere lige så interessante navne.

Den første opfinder af whirligig eller mølle er ikke

kendt, men det har en lang historie , der spænder over hele kloden.

Vejrhaner , der er tæt knyttet til vejrhaner , var

først brugt mellem 1800 og 1600 f.Kr. af landmænd og sejlere

i Sumeria . Det menes, at det første kendte whirligig legetøj

- Dragen sommerfugl , en Twirling propel lavet af bambus

og lanceret ved at rulle en stick- var blevet opfundet i Kina

med 400 f.Kr.. I løbet af det 9. århundrede , iranere i Sassanid

Empire var ved hjælp af vandrette vindmøller til kunstvanding ,

gør vinddrevne whirligigs teknisk muligt. Desværre ,

ingen hvirvlende af denne periode har overlevet bortset fra en

Egyptisk snor selvkørende dukke fra 100 f.Kr..

Sammen med korn slibning vindmøller, whirligigs og

vejrhaner nåede Europa i 1200-tallet . Den første kendte

visuel repræsentation af et europæisk whirligig er indeholdt

i en middelalderlig gobelin skildrer børn, der leger med en

whirligig . Whirligigs i form af indlægget blev

mode i malerier fra det 15. og 16. århundrede , såsom Hieronymus Bosch maleri, Jesusbarnet med

en rollator , circa 1480-1500 . Shakespeare brugte

' whirligig ' som en metafor for "hvad går rundt , kommer

omkring ' (Helligtrekongersaften , Act V -I) :

Feste : Og således whirligig tid bringer i hans revenges .

Den første registrerede tegn på pinwheels i USA

Stater er relateret til George Washington , som det siges , udføres

' Whilagigs hjem fra den amerikanske uafhængighedskrig . 1819

offentliggørelse af Washington Irving af The Legend of Sleepy

Hollow nævner whirligig som: »en lille træ kriger

der , bevæbnet med et sværd i hver hånd , var mest tappert

kæmper vinden på toppen af stalden. " I 1929 ,

personer blev gør en levende ved crafting whirligigs som

pynt til haven eller børneunderholdning .

I dag vejrhaner i forskellige størrelser og former er fundet

i hele landet, der sælges af legetøj - sælgere, og også på

legetøjsbutikker , som billig legetøj til børn . Kunstnere i

Kina bygge vejrhaner i flere farver for kinesiske

Nytår. Folk placerer personlige beskeder på den ydre

klinger i disse vejrhaner for vinden til at fange og sprede

til universet som ønsker til det følgende år.

SCRABBLE

Historien om Scrabble begynder under Den Store Depression,

omkring 1931, da Alfred Mosher Butts , en out -of- arbejde

arkitekt fra Poughkeepsie , New York, har besluttet at

opfinde et brætspil. Analyse af de andre brætspil i

markedet, fandt han, at de faldt i tre kategorier:

nummer spil , såsom terninger og bingo, flytte spil såsom

som skak og dam , og ordspil , såsom anagrammer .

Forsøger at skabe et spil , der ville bruge både chance

og dygtighed, Butts kombinerede funktioner i anagrammer og

krydsogtværs . Først kaldte Lexiko , hans spil var senere

kaldet Criss - Cross Words . At træffe afgørelse om brev -distribution,

Butts studerede på forsiden af populære aviser som

som The New York Times, New York Herald Tribune og The

Saturday Evening Post , og det gjorde omhyggelige beregninger af

brev frekvens. Butts ' kryptografisk analyse af engelsk

og hans oprindelige fordeling af fliser er forblevet gyldige

lige siden.

Ved 1938 havde Butts gennemført grundforløbet udvikling af

På kryds og tværs ord. For mere end et årti, sammenknebne han

og puslede med reglerne , mens du prøver - og løbende

failing at tiltrække en corporate sponsor. Selv USA

Patentmyndighed afviste hans ansøgning ikke én gang, men to gange.

Endelig blev Butts kontaktet af James Brunot , et spil -elskende iværksætter fra Newtown, Connecticut, som

var en af de få ejere af en af de oprindelige Criss -

Kryds Words sæt. Brunot troede, at spillet skal

blive markedsført. Han købte rettighederne til at fremstille

spil gengæld for at give Butts en royalty på hver

solgt enhed . Selvom han forlod det meste af spillet (herunder

fordelingen af bogstaver) uændret , Brunot lidt

omstruktureret den "præmie" firkanter af bestyrelsen og

forenklet reglerne . Han kom også op med den ikoniske

farveskema - pastel pink , baby blå, indigo , og lyse

rød - og udtænkt den 50 -punkts bonus for at bruge alle syv

fliser til at gøre et ord.

Vigtigst er det, Brunot kom op med navnet Scrabble

og varemærkeregistreret Scrabble Brand krydsord spil

i 1948. Det fik langsomt, men støt popularitet blandt

en sammenlignende håndfuld forbrugerne. Så i 1952, da

legenden har det , Jack Strauss, som var præsident for

Macys stormagasin , opdagede spillet, mens den

ferie. Efter vender tilbage til arbejde , blev han overrasket over at

finder , at hans butik ikke bære det og placeret en stor ordre .

Inden for et år , alle skulle have en, til det punkt,

Scrabble spil blev rationeret i butikker rundt om i

USA Today Scrabble er blevet en af de mest populære

brætspil hele verden.

MONOPOLY

Historie Monopoly kan spores tilbage til den tidlige

20. århundrede. Det tidligst kendte design var en

Amerikaner ved navn Elizabeth Magie . I 1904 , patenteret hun

Udlejer Game med en pædagogisk målsætning -

at vise, at lejen beriget grundejere og

forarmede lejere. Magie indgav sin opfindelse

at spil selskab Parker Brothers omkring 1910 , men de

afslog at udgive den.

En forkortet version af Magie kamp blev almindelige

i løbet af 1910'erne som Auktion Monopoly . Det spredes fra mund

i munden og blev spillet i forskellige hjemmelavede versioner

i årenes løb. Magie selv patenteret en revideret version

der omfattede gadenavne i 1924. Daniel lægmand begyndte

sælge en version kaldet Den fascinerende spil , Finansministeriet,

senere simpelthen Finansiering , i 1932. Ruth Hoskins lærte

spil fra lægmand og udviklet en ny bestyrelse med

Atlantic City gadenavne. Dette board var den underviste

Charles E. Todd , en hotel manager i Germantown,

Pennsylvania. Todd gengæld lærte Esther Darrow , hustru

af en indenlandsk varmelegeme sælger fra Philadelphia opkaldt

Charles Darrow .

Efter at lære spillet , begyndte Darrow at distribuere det selv som Matador. Han sendte det til Parker Brothers i 1934.

De afviste det som at have " tooghalvtreds grundlæggende design

fejl ', og at være' tor kompliceret, for tekniske, [og det]

tog for lang tid at spille. " I 1935 , dog hørte virksomheden

om monopolets fremragende salg og købte rettighederne fra

Darrow . Senere samme år blev de klar over, at Darrow

havde kopieret spillet fra en ven. De derefter købt ud

Magie s 1924 patent og ophavsret anden kommerciel

varianter af spillet , såsom finans , Inflation, Big Business ,

Nemme penge, og Fortune at forebygge fremtidige juridiske udfordringer.

Monopoly først blev markedsført på en bred skala af Parker

Brothers i 1935. De ændrede nogle af reglerne , sådan

som tilføje ' kort spil' og »Frist « regler , og blev

producerer 20.000 eksemplarer af spillet inden for en måned . det

hurtigt blev den mest populære brætspil i Amerika

og derefter verden. Næsten 200 millioner Monopoly -spil

hidtil er blevet solgt.

Vidste du?

Under Anden Verdenskrig , den britiske efterretningstjeneste skabte

en særlig udgave af Monopoly for krigsfanger afholdt

af nazisterne. Skjult inde i disse spil var kort,

kompasser rigtige penge , og andre objekter er nyttige til flugt .

Disse særlige spil blev uddelt til fanger

falske velgørenhed grupper.

frisbees

Den Frisbie Baking Company blev startet i Bridgeport,

Connecticut ved amerikansk forretningsmand William Russell

Frisbie . Den solgte tærter i lyse tin pander med Frisbie stemplet

i relief på bunden. Hungry universitetsstuderende i New

England sidst opdaget (måske omkring 1940) , som

den tomme pie dåser eller cookie - tin låg kan blive kastet og

fanget , hvilket giver endeløse timer af ' Frisbie -ing ' sjov.

I mellemtiden har en Los Angeles bygning inspektør navngivne

Walter Frederick Morrison havde opdaget et marked for

den moderne flyvende skive i 1938, da han og fremtid

kone Lucile blev tilbudt 25 cent for en kage pan , at de

desavouerer frem og tilbage til hinanden på stranden i

Santa Monica, Californien. "Det fik i hjulene ,

fordi du kunne købe en kage gryde i 5 cents, og hvis

mennesker på stranden var villige til at betale en fjerdedel for det,

godt , der var en virksomhed , " Morrison sagde i 2007.

Efter Anden Verdenskrig , Morrison skitseret et design for en

aerodynamisk forbedret flyvende skive som han kaldte

Whirlo - Way. I 1948 Morrison og hans partner Warren

Franscioni opfundet en plastik version, der kunne flyve videre

med langt bedre nøjagtighed og kaldte den Flyin - tallerken .

Efter yderligere design forbedringer i 1955 Morrison begyndte at producere en ny disk, som han navngav Pluto Platter

at kontanter i den voksende popularitet af ufoer med

Amerikanske offentlighed . Pluto Platter er blevet det grundlæggende

design prototype for alle frisbees .

Richard Knerr og Arthur K. ' Spud ' Melin var

ejere af et stykke legetøj selskab kaldet ' Wham - O' , som de

startede i en garage i San Gabriel , Californien, i 1948. De

overbeviste Morrison at sælge dem rettighederne til hans design

og begyndte at producere flere Pluto Platters i 1957.

Knerr også begyndte at søge efter en iørefaldende nyt mærke

at bidrage til at øge salget. Han hørte om den oprindelige anvendelse af

udtrykkene » Frisbie 'og' Frisbie -ning " af universitetsstuderende

i New England og lånt fra de to ord til

skabe det registrerede varemærke Frisbee .

Edward E. ' Steady Ed ' Headrick var en anden nøgleperson

bag succesen med frisbees . Han var en amerikansk

opfinder, der arbejdede for Wham -O . Headrick redesignet

Pluto Platter, skaber en mere kontrollerbar disk,

kunne blive kastet præcist. Salget eksploderet og

nye design blev grundlaget for de fleste moderne frisbees .

Headrick senere banebrydende Freestyle frisbee og frisbee

Golf . I 1967 gymnasieelever i Maplewood , New

Jersey opfandt sporten Ultimate Frisbee . I dag er det

spillet i mindst 42 lande.

BINGO

Historien om Bingo og lignende spil såsom Housie ,

Tombola , og Keno kan spores tilbage til 1530, til et staterun

Italienske lotteri kaldet Lo Giuoco del Lotto d'Italia ,

som stadig spilles hver lørdag i Italien. fra Italien

spillet blev introduceret til Frankrig i slutningen af 1770'erne ,

hvor det blev kaldt Le Lotto og spillede blandt

velhavende. Dette lotteri -typen bingo spil blev hurtigt en

dille i hele Europa. Tyskerne spillede også en

version af spillet i 1850'erne , men de brugte det som en

pædagogisk støtte til at hjælpe eleverne med at lære stavning , dyr

navne, og multiplikation tabeller.

Når spillet nåede Nordamerika i begyndelsen af det 20.

århundrede , det blev kendt som Beano . Det var et land retfærdig

spil, hvor en forhandler ville vælge nummererede diske fra en

cigarkasse og spillerne ville markere deres kort med bønner .

De råbte beano , hvis de vandt . Hugh J. Ward standardiseret

den moderne spil i omrejsende tivolier omkring Pittsburgh,

Pennsylvania i begyndelsen af 1920'erne .

En decemberaften i 1929 , en New York legetøj sælger

navn Edwin S. Lowe kom over et land karneval

nær Jacksonville, Florida. Alle karneval kabiner var

lukket, undtagen en, som var pakket med mennesker. Handlingen centreret om en hesteskoformet bord dækket med

nummererede pap ark, gummi nummerering frimærker,

og tørrede bønner. Spillet bliver spillet var en variation

af Lotto kaldet Beano , ved hjælp af Ward regler. Lowe forsøgte at

spille Beano den aften , men han erindrer , " jeg kunne ikke få en plads

... Spillerne var stort set afhængige af spillet . "

Vender hjem til New York, Lowe begyndte at gennemføre

Beano spil, der ligner den, han havde været vidne til . hans

venner elskede dem. Snart de legede Beano med

den samme spænding og ophidselse , som han havde set på

karneval . I løbet af en session , en af vinderne sprang

op , blev mundlam , og i stedet for at råbe Beano

stammede B-B -B- BINGO ! Lowe sagde senere, at dette var

øjeblik , da han besluttede at markedsføre spillet som Bingo.

Bingo blev en øjeblikkelig succes og sætte Lowes firma

holdent på sine fødder . Den største Bingo spil i historien

blev spillet i 1930'erne på New Yorks Teaneck Armory -

60.000 spillere, med en anden 10.000 bliver slået væk på

døren, og 10 biler gives væk som præmier . ved

1940'erne , Bingo spil blev spillet over hele USA

I dag , mere end 90 millioner dollars er brugt på Bingo hver uge

i Nordamerika alene.

kites

Kites først blev udviklet omkring 2800 år siden

i Kina. Den allerførste kite kan være blevet skabt af

Mo Di , en berømt filosof, der siges at have gjort

en ørn -formet kite med træ. Øboer

har også brugt kites for fiskeri siden meget tidlige tider .

Tidlige kites blev brugt til militære formål som godt. for

Eksempelvis omkring 200 f.Kr. kinesisk General Han Hsin fløj

en kite over væggene i et stærkt bevogtet borg og brugt

geometri til at afgøre, hvor langt hans hær ville have til

tunnel for at nå forbi forsvar.

Drageflyvning sidst spredes fra Kina til Korea og

Indien. De tidligste tegn på indiske drageflyvning kommer

fra miniature Mughal æra malerier. I Thailand , hver

monark ville have en kite designet til sig selv.

Der er mange teorier om, hvordan dragen blev indført

i det europæiske samfund . Marco Polo kan have introduceret

det i slutningen af det 13. århundrede. Alternativt kan sejlere fra

Japan og Malaysia kan også have gjort det i det 16.

og 17. århundrede. Kites var sent at ankomme i Europa, men

af det 18. og 19. århundrede , de blev brugt som

køretøjer til videnskabelig forskning. I 1749 , skotsk videnskabsmand

Alexander Wilson og hans elev brugte et tog af kites til samtidig lufttemperatur på forskellige niveauer

over jorden. I 1750, Benjamin Franklin offentliggjort

et forslag om at bevise, at lyn er elektricitet ved at flyve

en kite .

I 1822 engelsk skolelærer og opfinder George

Pocock brugt et par drager på en enkelt linje 1.500 til 1.800

meter lang til at trække en vogn transporterer flere passagerer i

hastigheder på op til 20 miles i timen . Fordi vejskatter på

tiden var baseret på antallet af heste en vogn

brugt, Pocock fritaget for at betale eventuelle vejafgifter.

I 1898 Guglielmo Marconi foretaget den første succesfulde trådløse

transmission over vand fra øen Flat Holm i

Bristol-kanalen ved hjælp af en kite til at løfte sin antenne . I 1899 den

Brødrene Wright bygget et lille manøvredygtig kite at kontrollere

deres ideer om vinge vridning i fly kontrol. Dette spillede en

direkte rolle i deres succesfulde drevne flyvning i 1903.

Amerikanske Samuel Franklin Cody er menneskeskabte løft box kites

blev indført i 1901 og blev brugt af den britiske

hær under Første Verdenskrig for at erstatte artilleri observation

balloner. Tyskerne også brugt disse kites til at øge

visning vifte af overfladeaktive cruising ubåde. i

1999 et team brugte kite magt til at trække slæder hele vejen til

Nordpolen !

rulleskøjter

Skøjteløb har længe været en populær metode til at rejse

på frosne hollandske kanaler i vinteren, men en ukendt hollandsk

opfinder i det tidlige 18. århundrede ønskede i at skate

sommer. Han naglet træ spoler til strimler af træ og

knyttet dem til sine sko , og dermed opdage landjorden

skøjteløb eller Skeeling .

Den første registrerede rulleskøjte opfinder var en belgisk

navn John -Joseph Merlin . I 1760 demonstrerede han en

primitive inline skate med metal hjul og endda deltaget

en maskerade fest, mens iført en af hans nye metalwheeled

støvler . Ønsker at gøre en grand indgangen , Merlin

rullede ind , mens du spiller violin. Men han styrtede i

væg - længde spejle de som foret balsalen , der forårsager

alvorlige kvæstelser og fører ham til at opgive sin opfindelse .

Det første patent på en rulleskøjte design blev udstedt i Frankrig

til en M. Petitbled i 1819 . Den var lavet af et træ sål, der

fastgjort til bunden af bagagerummet, forsynet med 2-4

ruller i kobber , træ eller elfenben og arrangeret i en

enkelt lige linje. I 1823 Robert John Tyers , en frugt - sælger

i Piccadilly, London , patenteret en skate kaldet Volito ,

beskrives som et ' apparat , der skal knyttes til støvler ... for

Formålet med rejser eller fornøjelse. " Disse tidlige skøjter ikke var meget manøvredygtig , men ekspert is skatere var i stand til at

kopiere nogle af deres bevægelser på dem. Store offentlige skøjteløb

skøjtebaner åbnet i flere europæiske byer af 1850'erne .

De fire -hjulede drejning rulleskøjte eller quad skate , lavet

med fire hjul indstillet i to side-by- side parvis blev først

designet i 1863 i New York, af den amerikanske opfinder

James Leonard Plimpton i et forsøg på at forbedre på

tidligere designs . Designet en lettere sving og

manøvredygtighed, herunder evnen bagud for at skate

og lave pludselige stop , og det førte til at det er en enorm

succes. Som et resultat, Plimpton blev kendt som faderen

af moderne rulleskøjteløb .

Rulleskøjter blev masseproduceret i Amerika af

1880'erne. I 1884 Levant M. Richardson modtaget et patent

for anvendelse af stålkugler i rulleskøjtehjul , hvilket resulterer

i lysere skøjter med nedsat friktion . Udformningen af

quad skate forblev stort set uændret efter at

og domineret branchen i mere end et århundrede.

Til sidst, in-line skøjter med en enkelt række af hjul

blev populær. I 1980'erne brødrene Scott og Brennan

Olson, Minneapolis , Minnesota begyndte at designe og

sælger inline rulleskøjter , kaldet rulleskøjter , der gav en

meget glat ride, især udendørs . I dag sådanne skøjter

dominere markedet.

bamser

Theodore Roosevelt , bedre kendt som Teddy Roosevelt,

den 26. præsident for USA , er den person,

ansvarlig for at give bamsen sit navn. Roosevelt

var at hjælpe med at bilægge en grænsestrid mellem USA

stater i Mississippi og Louisiana . Den 14. november 1902

han deltog en bjørn jagt i Mississippi , hvor nogle

af hans ledsagere kantet , køller , og bandt en amerikansk

Black Bear til et piletræ efter en lang, udmattende jagt

med hunde. Roosevelt nægtede at skyde den sårede bjørn

selv , siger det ville være usportslig , men beordrede

det at blive dræbt for at sætte den ud af elendighed. To dage senere

Washington Post kørte en redaktionel tegneserie fra det politiske

tegneren Clifford K. Berryman kaldet Tegning Line i

Mississippi , der viste både linjen tvist staten og

bære jagt. Tegneserien og historien fortalte den blev populær

og inden for et år , bamsen legetøj dukkede op.

Ingen er helt sikker på , der gjorde den første bamse .

Den mest populære historie involverer Morris Michtom , der

ejede en lille nyhed og slik butik i Brooklyn, New

York. En dag hans kone Rose skabte lidt udstoppet bjørn

cub fra plys træuld og færdig med sort sko

knap øjne. Kort efter Michtom hørt om

Berryman tegneserie og sætte bjørnen i hans butiksvindue til visning. Mange kunder derefter begyndte at spørge om

købe det. Sensing en forretningsmulighed, Michtom sendt

en til Roosevelt, fik tilladelse til at bruge hans navn

og begyndte at sælge Teddys Bears . Legetøjet var en

øjeblikkelig succes. Inden for et år , Michtom grundlagde

Ideal nyhed og Toy Company, som senere blev til

en af de største legetøj virksomheder i verden.

Omkring samme tid i Giengen , Tyskland, Steiff

Firm produceret en udstoppet bjørn fra design af Richard

Steiff . Den blev udstillet på Leipzig Toy Fair marts

1903. Der Hermann Berg, en køber til en amerikansk legetøj

selskab , så det og straks beordret 3000 skal sendes

til USA . De Steiffs derefter solgt 12.000 bjørne på

Saint Louis Verdensudstillingen i 1904 og modtog guld

medalje, den højeste ære ved arrangementet. Denne form for legetøj

Bjørnen blev også forbundet med historier om præsident

Roosevelt og blev kendt som en Teddy .

Af 1906 bortset Michtom og Steiff producenter

havde sluttet i og mani for Roosevelt Bears var

sådan , at damerne bar dem overalt, var børn

fotograferet med dem, og Roosevelt blev ved hjælp af en som

en maskot i hans bud for genvalg.

kAMERAER

Fotografiapparater er baseret på Camera Obscura ,

som daterer sig tilbage til de gamle kinesiske og grækere . det

bruger et hul eller linse at projicere et upside-down billede af

scenen udenfor. I 1685 byggede den tyske Johann Zahn den

første kamera obscura , der var lille og transportabel nok

at være praktisk til fotografering, over 150 år før

fotografering blev endda opfundet.

Det var franskmanden Joseph Niépce der tog den tidligste

kendte fotografier, omkring 1827 . andre opfindere

opfundet bedre fotografiske processer, daguerreotypier

og calotypes , snart bagefter. Men disse fotografiske

processer blev stadig baseret på kameraer ligner Zahn

17. århundredes model. Disse havde en glidende -box design med

linsen placeres i den forreste boks , og en anden , let

mindre boks bag det, der kunne flyttes til fokusering.

Den mekaniske lukker blev opfundet i 1870'erne , som

tilladt for kortere eksponeringstider .

Fotografiske film, oprindeligt lavet af papir og senere

celluloid , blev udviklet af amerikanske George Eastman i

1885 . Hans første vellykkede kamera , Kodak , gik på salg

i 1888. Det var en simpel og billig kasse kamera med

en fast fokus linse, en enkelt lukkertid , og nok film for 100 engagementer. I 1900 Eastman lancerede Brownie ,

en endnu enklere og billigere boks kamera, der snart blev

meget populære. Brownie aktiveret udbredt amatør

fotografering som snapshots og postkort .

Oskar Barnack , der arbejdede på det tyske selskab Leitz ,

opfundet kompakte kameraer , der bruges små negativer , såsom

som 35mm - bred biograf film. Leitz lancerede verdens

første 35mm kamera , Leica jeg , i 1925. En enkelt - linse

refleks SLR, kamera bruger sin egen linse for at få vist præcis

hvad der vil blive fotograferet. Den første SLR kamera,

brugt 35mm film var Kine Exakta af 1936.

Polaroid Model 95 , verdens første instant-kamera ,

er designet af den amerikanske opfinder Edwin Land og

blev lanceret i 1948. Den producerede færdige positive prints

fra udsatte negativer i mindre end et minut . den

første billig Polaroid kamera, model 20 Swinger

lanceret i 1965 , var en stor succes og er stadig en

af de top -sælgende kameraer af alle tid. Fuji introducerede

evigt populære engangs eller Engangskameraer i 1986.

Med fremkomsten af moderne digitale kameraer, der anvender en

elektronisk billedsensor og hukommelse til at tage billeder

i stedet af fotografiske film , analoge eller film kameraer har

næsten helt forsvundet fra markedet.

kameraflash

Fotografi hjælp af kunstigt lys går tilbage til 1839

når L. Ibbetson brugt oxy - brint lys , også kendt

som rampelyset , når man fotograferer mikroskopiske objekter.

Imidlertid blev de resulterende billeder hårdt tændt og

viste kridhvide , blege ansigter .

Félix Nadar , en fransk fotograf og journalist ,

fotograferet kloakkerne i Paris ved hjælp af kun batteryoperated

belysning. Men det var ikke før 1877 at Henry Van

der Weyde åbnede den første atelier ved elektrisk lys i

London. Drevet af en gasdrevet dynamo , det havde nok

lys til at tillade bestråling af kun to til tre sekunder.

Behovet for endnu kortere eksponeringer ført til anvendelse af

magnesium, som er meget brandfarligt og brænder hurtigt

med en lys lysglimt . Af 1864 , magnesium ledninger og

bånd var på salg. Metallet blev brændt i et urværk

lamper med reflekser . Men da afbrænding ofte

ufuldstændig , eksponeringer tendens til at variere betydeligt. den

metode var også usikre og udgivet en masse røg og

aske. Alligevel magnesium lamper forblev populær

gennem 1880'erne.

I 1887 tyske kemikere Adolf Miethe og Johannes Gaedicke blandet fint magnesium pulver med kalium

chlorat , et brandnærende , at producere Blitzlicht . dette var

den første udbredte flash pulver. Blitzlicht havde

evnen til at fremstille fotografier natten med meget høj

lukkertider og blev meget populær . Imidlertid

kombination undertiden ført til eksplosioner , hvilket forårsagede

nogle meget alvorlige ulykker .

Amerikanske Joshua Cohen opfandt flash pære i 1899.

Det bruges tørbatterier til elektronisk antænde flash

pulver. I 1929 Vacublitz , den første sande blitzpære ,

blev indført i Tyskland af Hauser Company. det

svarede til Cohen opfindelse, men brændte aluminium

folie i en glaskolbe . Blitzpærer var sikker, lydløst , og

røgfri . Af 1930'erne , blev de synkroniseret med

kamera skodder , hvilket gør flashfotografering enkel endda

for amatører. Hver pære kan kun bruges én gang , så ved den

begyndelsen af 1960'erne , var virksomhederne begyndt at pakke flere pærer

i en enhed , såsom Kodak Flashcube , som havde fire.

I 1931 , Harold ' Doc' Edgerton fra MIT producerede

første elektroniske flashrør . Elektroniske blinker bruge en høj

spænding til at generere en elektrisk lysbue gennem xenon gas

i et glasrør . De er billige, genopladelige og

deres intensitet kan let kontrolleres . I dag er disse har

helt erstattet blitzpærer .

pigtråd

Fægtning bestående af flad og tynd wire blev først foreslået

i 1860 i Frankrig af Leonce Eugene Grassin - Baledans .

Hans design var strittende punkter skaber et hegn, der

var smertefuldt at krydse. Talrige patenter fulgt, men

ingen af disse ledninger nogensinde blev fremstillet kommercielt .

I 1868 , en smed ved navn Michael Kelly fra New

York blev tildelt et patent for hegn specielt til

afskrække dyr. De første trådhegn bestod kun

af en streng af tråd, der blev ofte brudt af

vægten af kvæg trykker mod det. Kelly lavede en

betydelig forbedring ved at vride to tråde sammen.

Kendt som den tornede hegn, Kellys dobbelt-strenget design

var den første vellykkede pigtråd.

Joseph F. Glidden , en amerikansk landmand , er ofte krediteret

for at designe den første kommercielt succesfulde pigtråd

ledning. Glidden idé kom fra en udstilling på en messe i

DeKalb , Illinois , i 1873. Der så han et plankeværk

med wire fremspring designet til at afskrække køer. Legend

hedder det, at Glidden kone Lucinda opfordrede ham til at

vedlægge sin have med sin idé . Han har vundet adskillige

Domstolen slag over rettighederne til sin opfindelse , en simpel

wire barb låst på en dobbelt-strenget wire, så det kom til

blive kendt som The Winner . Glidden og en partner etablerede Barb Fence

Virksomhed i DeKalb at fremstille vinderen. de

opfundet en metode til låsning modhagerne på plads, og

maskiner til at masseproducere det. Ved tidspunktet for hans død,

Glidden var en af de rigeste mænd i Amerika . I dag hans

design er stadig den mest velkendte stil af pigtråd .

De væsentligste ændringer, der er foretaget i pigtråd

siden 1870'erne har været at reducere skader ved at øge

synlighed. For eksempel Jacob og Warren Brinkerhoff

introduceret snoede og flade ledninger i 1879 og 1881 . Den

Amerikansk Steel og Wire Company blev efterhånden

den dominerende fabrikanten. De kontrollerede alle aspekter

af produktionen fra at producere de stålstænger til at gøre

mange forskellige ledninger og negle produkter fra det .

Pigtråd har haft vigtige sociale og økonomiske virkninger ,

især i det vestlige USA . Det tillod ranchers til

vedlægge deres jord og begrænse tidligere fritgående besætninger

kvæg . Det er også hårdt ramt levebrød Native

Amerikanere, der gav det sørgmodige kaldenavn Djævelens

rebet. Pigtråd har også set omfattende brug i krigsførelse ,

begyndende med den spansk- amerikanske krig i 1898. I

Verdenskrig, tanken som vi kender den blev opfundet for at

smadre igennem pigtråd forsvar.

regnfrakker

Indianske stammer i Amazonas har været

bruge saft fra gummitræet at gøre vandtæt tøj

i hundreder af år . De gamle kinesiske brugt mange

materialer til fremstilling af vandtæt regnslag , såsom halm,

siv , og kinesiske silvergrass . Ved begyndelsen af

Ming-dynastiet (1368 - 1644) , blev kunstfærdige olie frakker anvendes.

Disse blev lavet af stoffer som almindelig silke , men behandles med gul olie (tung olie) for at afvise vand .

Fransk botaniker François Fresneau brugt gummi til

fugtisolering stof efter at have set indianere i

Fransk Guyana gøre det samme. I 1763 beskrev han

hvordan han havde forberedt vandtæt klud ved at dyppe den i

opløsninger af gummi med terpentin som opløsningsmiddel . Scottish

læge John Syme udført lignende forsøg i 1821 .

Den første regnfrakke dog ikke bruge gummi. Lavet af G.

Fox of London i 1821 , blev det kaldt Foxs Aquatic og brugt

Gambroon , en type af linned klud.

Tidlige forsøg på at bruge gummi havde tabt sagen

fordi hårdheden af naturgummi varierer med

temperatur. Dette gjorde det tøj svært at bære. Scottish

kemiker Charles Macintosh fundet løsningen i 1823 .

Macintosh proces involveret sandwiching et lag af støbt gummi mellem to lag stof , der havde

blevet børstet med gummi opløst i naphtha. hans første

kunde var det britiske militær . Faktisk regnfrakker stadig

kaldet Mackintoshes eller Mac i Storbritannien.

I 1839 amerikaneren Charles Goodyear udviklet vulkaniseret

gummi, som er mere elastisk og lettere at støbe . Engelsk

producent Thomas Hancock brugte blødgummi

at forbedre Mackintosh regnfrakke i 1843. amerikansk

selskaber introducerede kalandrering proces i 1849

hvor Macintosh'ens klud blev passeret mellem opvarmet

ruller til at gøre den mere fleksibel og vandtæt.

Under Første Verdenskrig , engelsk opfinder Thomas Burberry

skabte al slags vejr trenchcoat . Det blev lavet af en type

bomuld opkaldt gabardine som Burberry opfundet og

blev kemisk behandlet for at afvise regn. Disse trenchcoats

blev oprindeligt lavet for soldater , men blev populær

med mange civile efter 1918 .

Oliebehandlet stoffer , som regel bomuld og silke , blev

populær i 1920'erne. For eksempel blev oilskin fremstillet ved

børstning linolie på stof , hvilket gjorde kluden frastøder

vand. Regnfrakker lavet af vinyl , nylon og plast blev

populær efter Anden Verdenskrig . Moderne regnfrakker er lavet

fra en række af high -tech materialer som Gore-Tex og

microfiber.

CYKLER

Tysk Baron Karl von Drais opfandt den første praktiske

cykel i 1817 . Drais ' draisienne , velocipede eller kæphest

var en tohjulet enhed uden pedaler. rytteren

fremdrives det ved at skubbe fødderne mod jorden .

Drais ' velocipede inspirerede en fransk metalarbejder (enten

Ernest Michaux eller Pierre Lallement) for at føje roterende krumtappe

og pedaler til front- hjulnavet omkring 1863 skaber

den første moderne pedalbetjent cykel. I 1868 Michaux

and Company blev den første masse producent af cykler.

Deres stive rammer og jern - banded hjul gav dem

beskrivende kaldenavn boneshakers . senere forbedringer

omfattede massive gummidæk og kuglelejer .

Eugene Meyer i Frankrig og James Starley i England

opfandt hi - cykel, almindelig eller væltepeter

1870 . Det havde en stor forhjul , der rejste

videre med hver rotation af pedalerne. Ordinaries var

hurtig, men meget usikre. Alligevel englænderen Thomas

Stevens red en verden mellem 1884 og 1886.

I 1885 , John Kemp Starley produceret den første succesfulde

cykel sikkerhed , Rover . Det fremhævede en styrbart forhjul ,

lige store hjul og et kædetræk til baghjulet . I 1890 var det helt erstattet high- wheeler .

I mellemtiden, i 1888 , en irsk dyrlæge ved navn John

Dunlop havde opfundet luftfyldte , pneumatisk gummi dæk til

gøre sin unge søns trehjulet cykel komfortabel . Det blev vedtaget

for sikkerheden cykel , hvilket gør det lettere og mere smidig.

Ved starten af det 20. århundrede , var cykling klubber

lobbyarbejde for bedre veje , bogstaveligt talt baner vejen for den

bil. Adolph Schoeninger startede den vestlige Wheel

Arbejder i Chicago, hvor han pioner masseproduktion

metoder til hans Crescent cykler, der dramatisk sænket

priser og senere inspirerede Henry Ford . Sikkerheden cykel

frigjorte kvinder fra både hjem og restriktive

kjoler. Berømte feminist Susan B. Anthony sagde, 'Jeg tror

[cykling] har gjort mere for at frigøre kvinder end

noget andet i verden. " Frances Willard, en anden velkendt

feminist , sagde : "Jeg ville ikke spilde mit liv på friktion

når det kan omdannes til momentum. " I 1895 , Annie

Londonderry blev den første kvinde til cykel rundt

verden.

Bagskifteren (gearskifter) findes i de fleste moderne

cykler blev udviklet i Frankrig mellem 1900 og 1910.

Med elektroniske gear skiftere og lys , aerodynamisk

stel lavet af kulfiber , nutidens cykler er meget

sofistikeret og mere populær end nogensinde før.

Ismaskiner

Der er flere kandidater til opfindelsen af den tidlige

, is maker fra den berømte romerske kejser Nero

til kineserne , som hævder , at Marco Polo lånt deres

opskrift og introducerede det til europæerne . Der er også

talrige beretninger om desserter fremstillet af frugter blandet

med sne i både latin og oldgræsk litteratur .

Mange forskellige mennesker er blevet krediteret med opfindelsen

af den første moderne is maker. Mange historikere er enige

at i 1843 , amerikansk Nancy M. Johnson kom op med en

designe for en hånd-sat is maker.

Hendes idé var baseret på praktisk viden. det involverede

ved hjælp af to dåser , en mindre end den anden , således at den

første kunne placeres inde i den anden dåse . den større

kan blev fyldt med salt og is. Den mindre dåsen blev fyldt

med en blanding af mælk, smag og sukker. En krumtap med en

blandeskovl blev placeret inde i blandingen af mælk og

smagsstoffer til at kværne ingredienserne. Saltet hjalp

at stabilisere is som blandingen var konstant churned ,

gøre det til en glat cremet konsistens . denne proces

bidraget til at skære ned på is produktion tid , men

Johnson ikke holde fast i hendes patent . Hun fik $ 200 for

hendes opfindelse fra William Young, som kaldte den Johnson Patent Is fryser.

Nogle hævder også, at Augustus Jackson, en kok på hvid

Hus i Washington DC, opfandt den første is

maker i 1832 . Det menes, at Jackson tjente eksotisk is

smag i desserter på White House statslige middage

for First Lady Dolley Madison gæster. han eksperimenterede

med is beslutningsproces , forsøger at gøre det mindre

besværlig , og kom op med en kontrolleret temperatur ,

padle- baseret system, der anvendes is og salt. det hjalp

at revolutionere den måde, is blev foretaget på den hvide

Hus , men han havde ikke tid til at tage patent på sin idé .

Mange mennesker har bidraget til udviklingen af icecream

beslutningstagere siden da. Nogle bemærkelsesværdige bidrag

indeholde en fryser, kun til frysning is, som er udviklet af

Agness B. Marshall i London. Det kunne fryse en pint af is

på under fem minutter . Afrikansk-amerikanske opfinder Alfred

L. Cralle er krediteret med at opfinde den Ice- Cream Mold

og disher i 1897. Hans opfindelse medvirket til at holde is

fra væggene i beholderen og var let at betjene.

Amerikansk Jacob Fussell improviseret på Johnsons Icecream

Fryser og byggede den første kommercielt succesfulde

is fabrik i 1909 , der producerede 30 millioner gallon

af is hvert år.

kaffemaskiner

Historien om den kaffemaskine , ligesom mange opfindelser ,

har flere tråde. Dens oprindelse kan spores tilbage til

Tyrkere, der er kendt for at have brygget stor kaffe

tidligt som 575 e.Kr. . Hvad skete der mellem dengang og

begyndelsen af det 19. århundrede er ikke særlig klar. Men tempoet

udvikling accelereret , når den første moderne kaffe

percolator blev opfundet omkring 1818 .

Baggrunden for den første moderne kaffemaskine kan spores

tilbage til Frankrig . En anordning kendt som en Biggin en to-niveau

kaffekande , hvor vand blev hældt ind i den øvre

kammer til at dræne gennem perforeringer i den nedre

kammer og ind i en kaffekande, var sandsynligvis den første drop

kaffemaskine. Samtidig anden fransk opfinder

kom op med pumpe percolator . denne kaffe

maker tvunget kogende vand i det nedre kammer

til at bevæge sig op et rør , og derefter sive gennem jorden

kaffebønner tilbage i det nedre kammer . indtil

1950'erne blev sådanne pumpestationer perkolatorer foretrukne

af mange husmødre , cowboys og pionerer i

Amerikas Forenede Stater. I 1840 var den Napier Vacuum Machine

indført. Mens dette brygger var kompleks at betjene, det

kunne gøre en klar kande kaffe - noget, at hver

kaffe elsker præmier. Vakuum bryggeri anvendes varme til at koge vand i et nedre rum , som ville udvide

og blive tvunget til at bevæge sig op gennem et smalt rør ind

et øvre rum , der indeholdt malet kaffe .

Når kaffen var blevet brygget til tilfredshed , varmen

ville ophøre. Vakuumet skabt som et resultat af

dette vil bidrage til at trække den brygget kaffe tilbage i

lavere kammer gennem en si . Napier Vacuum kaffe

beslutningstagere er stadig populære i dag .

James Nason i Massachusetts , USA, er krediteret med den

udformning af en tidlig kaffemaskine i 1865 , men det var

en anden amerikaner ved navn Hanson Goodrich , der opfandt

den moderne komfur-top percolator . Han modtog en patent

for sin opfindelse den 16. august 1889. Dens design var meget ligner dem , der sælges i dag. Elektriske versioner af

komfur -top percolator blev udviklet i slutningen af 1800-tallet.

Forbrugerne elskede dem , fordi det gjorde det muligt for dem at brygge pot

efter kande kaffe uden at skulle beskæftige sig med en brændeovn.

Opfindelsen af Mr. Kaffe, den første kommercielt

vellykkede automatiske drop kaffemaskine , i 1972,

revolutioneret den måde kaffen brygges . Det var så populær

med forbrugerne at perkolatorer næsten uddøde .

Selv i dag, de fleste drop kaffemaskiner er simpelthen variationer

design Mr. Coffee .

BLENDERS

I 1919 Stephen J. Poplawski , ejer af Stevens

El-selskab , var under kontrakt med Arnold

El-selskab for at designe Drink- blandere . under

denne periode , han kom op med et innovativt design, som

blev oprindeligt brugt til at blande Horlicks maltet milkshakes på

soda springvand . I 1922 modtog han et patent for det. han også

kom op med design for en fortætningsindretning blender rundt

samme tid som sin nye drikke - mixer.

I 1930'erne amerikanske Fred Osius skabt en ny form

af Blender ved at forbedre på Poplawski design. han

nærmede sig en populær musiker , Fred Waring , at finansiere

og fremme hans design, Miracle Mixer, i 1933. Fred

Waring redesignet det ved at forbedre kniven akse design

og krukke forsegling og udgivet sin egen version - Waring

Blendor , i 1937. Det blev hurtigt et uundværligt værktøj i

hospitaler og klinikker for at udarbejde særlige kost fødevarer og

Godt hjulpet af videnskabelig grundforskning . Dr. Jonas Salk

brugt det til at udvikle en af de store medicinske succes

historier i det 20. århundrede , den første mundtlige polio vaccine.

I 1937 WG Barnard af Vitamix indført en ny form

blender også kendt som Blender der blev anvendt en rustfri

stål krukke stedet for Pyrex glas, der anvendes i Waring s blenderglasset . I 1946 , John Oster af Oster Barber Udstyr

Selskabet købte Poplawski s Stevens Electric selskab

og begyndte at designe sin egen blender, den Osterizer ,

som igen blev overtaget af Sunbeam Products i 1960.

Traditionelle Osterizer blendere sælges stadig i dag.

Omkring samme tid , opfindere i Europa og Brasilien

kom op med deres egne variationer af blenderen . I 1943 ,

Traugott Oertli , en schweizisk statsborger , designet en blender, den

Turmix Standmixer baseret på Waring Blendor design.

Oertli kom også op med et apparat , den Turmix saftpresser,

stand til at ekstrahere saft af grøntsager og frugter.

Han begyndte at sælge dette som tilbehør med sin Turmix

blender. I 1944 , brasiliansk Waldemar Clemente, ejer

af Walita Electric Appliance Company, kom op

med Walita Neutron Blender baseret på Turmix

Standmixer . Clemente er også krediteret med at komme op

med liquidificador , et ord, der selv i dag står for

Blender i Brasilien. Waldemar Clemente erhvervede

patenter Turmix blendere og saftpressere i Brasilien og brugt

Turmix europæiske marketing strategi for at sælge mere end

en million blendere fra begyndelsen af 1950'erne. På samme tid ,

Walita begyndte at producere blendere til Philips , Sears,

Siemens, Turmix , og mange flere virksomheder . I 1971

Royal Philips Co erhvervede Walita , som blev en del

Philips ' køkken apparat division.

Tepotte

Tepotte eller infusers bruges til at fange løse teblade

mens hælde ud te. Deres historie kan spores tilbage til

kinesere, der udviklede bambus sier at fjerne

våd te blade fra en lerkrukke , i det 10. århundrede f.Kr.. men

det var ikke før det 17. århundrede, at te gjort sin vej fra

Kina ind i de saloner i det britiske adel . med

den træder i britisk kultur kom opfindelsen af den første

moderne Tepotte . Disse blev lavet af sterling sølv

(en legering indeholdende 92,5 procent sølv og 7,5 procent

kobber efter masse) , og for det meste brugt af den engelske øvre

klasser. Det var ikke før begyndelsen af det 20. århundrede, at te

blev en populær drik i Storbritannien og Tepotte

begyndte at blive masseproduceret . Inden da var briterne

lave forskellige typer af filtre , nogle store nok

at passe en tepotte , andre lille nok til at passe ind standardsized

tekopper .

Der findes flere typer af sier rådighed i dag,

selv om de er alle truet af den allestedsnærværende

tepose .

En pyramide si , der som navnet antyder, er

pyramideformet form, er lavet af net. Teblade

indsat inde i pyramiden og derefter dyppet i kogende vand. Bunden af pyramiden åbner således at den anvendte

blade kan fjernes nemt.

Te bolde er kugleformet og arbejde på samme

princip som pyramide Tepotte . Forskellen er, at

de åbner i midten. De er tilgængelige i forskellige

materialer som metal, mesh, og rustfrit stål.

Spoon sier ligne en overdækket øse af metal

med små huller peppering det. Disse er normalt mindre

end Tea Ball og pyramide sier og er ikke rigtig

beregnet til at brygge en stærk kop te.

Te tang har lange håndtag , der åbner sien på

modsatte ende , når klemt . Nylon strainers sidde på toppen af

et glas vand i stedet for at blive nedsænket indeni. Te er gennemsyret

i kogende vand og derefter hældt i en kop gennem

si, som stopper bladene falder ned i koppen.

Te -stick strainers er formet som metal kuglepenne med huller

i dem. De skal nedsænkes i en varm kop vand ,

med tebladene placeret inde .

Sidst men ikke mindst er den nyhed si, der fungerer som

enhver anden si , men er tilgængelig i en række forskellige størrelser, og

figurer som bamser , dinosaurer, og hjerter .

Kunstige sødemidler

Sukker af bly eller bly -acetat var den allerførste sukker

stedfortræder, flittigt anvendt af de gamle romere i deres

vine og syltetøj. Men undersøgelsen viser nu, at det er giftigt .

Berømte mennesker, ligesom pave Clemens II i 1047, har endda

døde af blyacetat forgiftning. I dag seks sukker erstatninger

er i almindelig brug - stevia , aspartam, sucralose ,

neotam , acesulfam kalium , og saccharin .

Stevia er udvundet fra bladene af stevia planter, og har

blevet brugt som et naturligt sødemiddel i Sydamerika i

århundreder. Det forårsager ikke blodsukkeret til at stige

efter at have spist (nul glykæmisk indeks), og har nul kalorier .

Derfor er det hurtigt ved at blive populær i mange lande.

En stevia - baseret sødemiddel opkaldt truvia blev godkendt i

USA i 2008.

Amerikanske videnskabsmand James M. Schlatter på GD Searle

Selskabet opdagede aspartam i 1965. Han arbejdede

på en antiulcuslægemiddel og ved et uheld spildte

aspartam på hans hånd . Han slikkede sine fingre og

bemærket en sød smag. Faktisk aspartam er omkring 200 gange

så sødt som sukker. Det sælges som Equal, NutraSweet , og

Canderel . Det er ikke meget egnet til bagning , da det bryder

ned og bliver mindre sød , når det opvarmes . Sucralose er et chloreret sukker , der er omkring 600 gange

så sødt som almindeligt sukker . Det var et uheld opdaget

i 1976 af forskere Leslie Hough og Shashikant

Phadnis på Queen Elizabeth College i London. én

dag Hough fortalt Phadnis at teste et chloreret sukker

forbindelse. Phadnis misheard og troede, at Hough

havde bedt ham om at smage det og fundet , at forbindelsen være

usædvanligt sød. Produktet blev hurtigt populær

idet den forblev sød , når det opvarmes , og kan anvendes

til bagning og stegning . Almindelige mærker sucralose

omfatter Splenda , Sugar Free Natura , Sukrana , SucraPlus ,

og Nevella .

Saccharin blev syntetiseret i 1879 af kemikere Ira Remsen

og Constantin Fahlberg på Johns Hopkins University i

Baltimore, Maryland. Det blev også opdaget ved et uheld,

sigende , da Fahlberg bemærket en sød smag på hans

afleverer en aften. I 1884 Fahlberg patenteret og navngivet

forbindelsen . Han senere voksede velhavende fra sin opdagelse ,

men aldrig anerkendt Remsen rolle i det. saccharin

først blev populær under Første Verdenskrig , hvor der

var knaphed på sukker . Det er 300 - 500 gange sødere end

sukker, men efterlader en bitter eller metallisk eftersmag. den mest

populære amerikanske mærke af sakkarin i dag er sød 'N

Low.

kondenseret mælk

Kondenseret mælk er komælk , hvorfra vand har

blevet fjernet. Det er normalt sødet med sukker ,

som øger dens holdbarhed ved at forhindre vækst

af mikroorganismer.

Konsummælk var en betydelig risiko for sundhed, før

19. århundrede. Mælk direkte fra koen forkælet indenfor

timer i løbet af sommeren og forårsaget sygdomme kendt som

den milksick , mælk gift , de langsommere, de skælver og

mælk ondt. For at bekæmpe disse sygdomme , franskmanden Nicolas

Appert kondenseret mælk for første gang , i 1820.

I USA alene kondenseret mælk optrådte i

1853 , produceret af en mælkeproducent hedder Gail Borden

Jr. I 1852 , Borden var på vej hjem , ved havet, fra en tur til

England, da køerne i skibets lastrum blev for

søsyge , der skal malkes , og på grund af dette , en indvandrer

spædbarn døde. Borden blev hærget af død og

begyndte forsøger at bevare rå mælk . Til sidst var han

inspireret af den lufttætte vakuum pan bruges af Shakers ,

en religiøs gruppe , at kondensere frugtsaft , og var i stand

at reducere mælk uden svidning eller koagulering det. hans første

kondenseret mælk varede tre dage uden at ødelægge . Borden fik et patent for sødet , kondenseret

mælk i 1856. Men produktet blev ikke godt modtaget af

offentligheden, som blev brugt til udvandede mælk , med

kridt tilføjet for hvidhed og melasse til cremethed .

De klagede over udseende og smag

kondenseret mælk . Borden oprindelige produkt, som var

fremstillet af skummetmælk og manglede næringsstoffer , var

selv skylden for at bidrage til en moderne rakitis

epidemi hos børn.

Som et resultat, Borden første to fabrikker mislykkedes, og kun

tredje , i Wassaic , New York , produceret et brugbart produkt

der var langvarig og nødvendig ingen køling .

Hans virksomhed var uventet hjulpet af et stykke

undersøgende journalistik i Leslies Illustreret avis .

Rapporten afslørede foruroligende kendsgerning, at konkurrerende

friske mælkeleverandører fodring New York køer på

destilleri mash at reducere omkostningerne.

Ved 1858 havde Borden mælk , der sælges som Eagle Brand , tjente

et ry for renhed , holdbarhed og økonomi. demand

blev også drevet af den amerikanske borgerkrig . USA

Regeringen beordrede enorme mængder af kondenseret mælk som

et felt ration til Union soldater under krigen. soldater

vender hjem derefter sprede ordet og kondenseret mælk

blev en stor industri ved slutningen af 1860'erne .

teposer

Det første patent på en tepose titlen Tea- Leaf Holder,

blev udstedt til Roberta Lawson og Mary McLaren af

Milwaukee, Wisconsin , i 1903. Deres opfindelse , som

var en lille pose lavet af åben - mesh stof , så

ligner moderne teposer , men blev aldrig fremstillet.

Teposer banke kommercielt omkring 1904 , men det var

te og kaffe butik købmand Thomas Sullivan fra

New York , der først markedsførte dem med succes .

Ved begyndelsen af det 20. århundrede , te var meget mere

dyrere end i dag, og højt værdsat af dem, der

havde råd til det . I New York, kunderne ivrigt ventede

hver ny ladning fra Indien og Kina. Når den nyeste

forsendelse kom i havn , te handlende som Sullivan ville

sende prøver , ved hjælp af små metalforme til at holde te.

Legenden siger, at Sullivan blev irriteret på den høje

udgifterne til dåser og skiftede til små håndsyede silke poser

i juni 1908. Kunderne skulle fjerne

løs te fra de små poser til at brygge den , men nogle fandt det

nemmere at bare droppe de fyldte poser i varmt vand. Indser

hvor praktisk sådan en simpel engangs taske var, de

snart begyndte at anmode deres te i denne pakning, meget

til Sullivans overraskelse ! En ting, som de gjorde klage

om var, at masken på silke poser var også fint. Som svar Sullivan udviklede poser lavet af gaze ,

der var de første til formålet lavet teposer .

Desværre Sullivan undladt at tage patent på hans

opfindelse, og lidt er kendt om, hvad der skete med ham

eller hans firma bagefter. Andre indså hurtigt sin

kommercielt potentiale og begyndte at eksperimentere med andre

typer af materialer, herunder Cheesecloth , cellofan , og

hullede papir . Maskiner blev også opfundet til at erstatte

hånd syning af teposer .

I løbet af 1920'erne begyndte teposer at blive masseproduceret og

voksede i popularitet i USA. I dag er te poser er for det meste

lavet af papir fiber . Det var William Hermanson , en

af grundlæggerne af Teknisk Papers Corporation i Boston,

der opfandt disse varme -forseglede papir fiber teposer . I 1930 ,

Hermanson solgte sit patent til Salada Tea Company .

Den rektangulære tepose var ikke opfundet indtil 1944. Prior til dette , te poser lignede små sække . Det var Tetley at

introduceret te poser i Storbritannien i 1953 , og blev hurtigt

efterfulgt af andre virksomheder. I 2007 teposer gjort op

en fænomenal 96 procent af det britiske marked.

instant kaffe

Instant kaffe, også kaldet opløselig kaffe eller kaffepulver ,

er fremstillet ved frysetørring eller spraytørring brygget kaffe

bønner. Den tidligste version af instant kaffe kan have

blevet opfundet omkring 1771 i Storbritannien. Omtales som en

kaffe sammensatte , blev det tildelt et patent fra den britiske

regeringen. Den første amerikanske version blev udviklet

i 1853 og en eksperimentel version blev afprøvet i praksis i

kage form under den amerikanske borgerkrig.

En type af instant eller pulverkaffe blev opfundet og

patenteret i 1889 af David Strang i Invercargill,

New Zealand. Det blev solgt under handelsnavnet

Strang kaffe , citerer hans patenterede Dry Hot -Air -processen.

Satori Kato , en japansk videnskabsmand, der arbejder i Chicago i

1901 opfandt et lignende produkt ved hjælp af en proces, som han havde

oprindeligt udviklet for at gøre instant te .

En engelsk kemiker ved navn George Constant Louis

Washington udviklede sin egen instant kaffe proces

i 1906. Hans mærke af kaffe pulver , opkaldt Red E Kaffe,

først blev markedsført i 1909. Den dominerede markedet i

USA i de næste tre årtier , selvom der var

mange mennesker, der ikke kunne lide smagen . I 1938, Nestlé

Schweiz lancerede Nescafé mærke. Den forbedrede smag ved samtørring kaffeekstrakt sammen med en lige

Mængden af opløseligt kulhydrat , og blev hurtigt

mest populære mærke af instant kaffe .

Instant kaffe fundet en instant marked i militæret.

I World War I nogle soldater tilnavnet det en 'kop

George. " Overvej dette citat fra en amerikansk soldat ,

skriver hjem fra skyttegravene i 1918 :

Jeg er meget glad for på trods af de rotter, regn , mudder , udkastene

[sic] , brøl af kanonen og skrige af skaller. det tager

kun et minut til at tænde min lille olie varmelegeme og gøre nogle George

Washington Kaffe ... Hver aften tilbyder jeg et særligt andragende til

sundhed og trivsel [Mr. Washington] .

Af Anden Verdenskrig, instant kaffe var utrolig populær

med soldater. G. Washington Kaffe, Nescafé , og andre

havde alle opstået for at imødekomme efterspørgslen . High- vakuum

frysetørret kaffe blev udviklet kort efter Anden Verdenskrig

II. I 1950 havde Borden Company udtænkt metoder til

gøre ren kaffeekstrakt uden tilsat carbonhydrat ,

gøre instant kaffe mere populære. I 1963 Maxwell

Hus begyndte at markedsføre frysetørrede granulat, som smagte mere som friskbrygget kaffe. I dag er omkring 15 procent af

Amerikanske kaffe forbrug er i øjeblikkelig form .

dåseåbnere

Af 1822 dåsemad var tilgængelig i Storbritannien, Frankrig,

og USA . De første dåser vejede mere end

den mad, de indeholdt og blev åbnet hjælp uanset

værktøjer var tilgængelige på det tidspunkt. Vejledningen på de

dåser læse ' Skær runde toppen nær den ydre kant med et

mejsel og hammer ' .

Dedikeret dåseåbnere dukkede op i 1850'erne og havde

primitive klo -formet eller løftestang -type design. I 1855

Robert Yeates of London opfandt den første klo - formet

oplukker. I 1858 , Ezra Warner i Waterbury, Connecticut,

USA , patenteret en løftestang -typen oplukker. Det havde en skarp Segl ,

som blev skubbet ind i dåsen og savede omkring sin

kant . Den amerikanske hær vedtaget denne oplukker under

American Civil War . Men knivlignende segl på det var også

farlig til brug i hjemmet og så kontorelever på købmandsforretninger

åbnes hvert kan , før kunderne tog dem hjem .

Den første roterende hjul dåseåbner blev patenteret i

Juli 1870 , af William Lyman af Meriden, Connecticut,

og produceret af firmaet Baumgarten i 1890'erne . den

skæreskive blev roteret omkring dåsens kant at klippe den.

Men dåsen er nødvendig for at blive gennemboret i midten først. i

1925 Star dåseåbner Company i San Francisco, Californien , forbedret Lyman design ved at tilføje en anden ,

takket hjul kaldet en fødehjul , der giver et fast greb af

fælgen og gøre indledende piercing unødvendig.

Kan -bedrift dåseåbnere samtidigt greb dåsen og

åbne den, hvilket gør det unødvendigt at holde dåsen , som det er

bliver skåret . Den første oplukker blev patenteret i 1931 af

Bunker Clancey Company i Kansas City, Missouri,

og blev derfor kaldet Bunker . Det svarede til

Star design men tilføjede tang -typen håndtag for stramt

gribende fælgen. Denne effektivt design er stadig bruges i dag .

En elektrisk dåseåbner svarende til Bunker blev patenteret

i 1931 , men blev ikke finde succes indtil 1950'erne .

I 1866 , en oplukker med en helt anden design var

patenteret af J. Osterhoudt . I stedet for piercing dåsen , det rev

ud og rullet op en pre- scoret bånd lige under låget. det var

kaldes en nøgle, fordi den lignede en nøgle . dag, såsom

dåseåbnere sælges sammen med mange små, tyndvæggede dåser.

Dåseåbnere med enkle og robuste design har været

specielt udviklet til militær brug. For eksempel

P- 38 og P-51 blev brugt af amerikanerne under Anden Verdenskrig

War II . P -38 var også kendt som en John Wayne , fordi

skuespilleren blev engang vist ved hjælp af en i en uddannelse film.

COCKTAIL UMBRELLAS

En cocktail paraply er en lille paraply eller parasol lavet

fra papir, pap, og en tandstikker og anvendes som en

pynt eller dekoration i cocktails, desserter, eller andre fødevarer

og drikkevarer. Paraplyen er dannet af papir og

kan mønstret med pap ribben. Ribberne er lavet

pap for at give fleksibilitet med hængsler

så paraplyen kan trækkes lukket meget som en

almindelig paraply . En lille plastik holdering er ofte

formet mod stilken , sædvanligvis en tandstikker , således

at forhindre paraply folde op spontant.

Der er en muffe af foldede avis under kraven

at fungere som en spacer . Avisen er normalt i enten

Japansk, kinesisk eller indisk sprog , hentyder til

paraply oprindelse.

Faktisk har cocktail paraplyer blevet et centralt element i

dyrkelsen af Tiki . Tiki kult indebærer en vurdering

af tiki bar , også kendt som en polynesisk bar . denne bar

har specialiseret sig i ø indretning , eksotiske retter , og tropiske

drikkevarer toppet med cocktail parasoller og andre fancy

habengut . Tiki joint har spillet en central , hvis

unappreciated rolle i den vestlige kultur for mere end 60

år. Men forud for deres anvendelse i tiki bar , menes det, at

cocktail paraplyer var tilgængelig i kinesiske restauranter , der angiver , at parasollen eller i det mindste tanken om at sætte det i en drink , var en kinesisk - amerikansk opfindelse . Det er muligt

at de oprindeligt blev udformet for at beskytte isterninger

indenfor drikkevarer fra solen. Imidlertid har indsatsen for at bekræfte

disse teorier med kinesiske og kinesisk- amerikanske virksomheder

sælge paraplyer i dag var forgæves .

Den cocktail paraply menes at have ankommet til

tiki bar scene så tidligt som 1932 høflighed Victor J. Bergeron ,

den opfarende etbenede grundlægger af Trader Vic i San

Francisco. Trader Vic er en stor San Francisco -baserede

kæde af polynesisk stil restauranter . Vic serveret drikkevarer

med cocktail paraplyer indtil begyndelsen af 1940'erne , da

indførslen af de små parasoller fra fabrikker i Det Fjerne

Øst blev standset af udbruddet af Anden Verdenskrig. imidlertid

af Bergeron egen indrømmelse , han havde plukket oprindeligt

op idéen fra Don the Beachcomber restaurant kæde

(nu lukket), som pioner polynesisk stil spisestue

i USA . Efter introduktion var paraplyer

betragtes som meget eksotisk , som var de fleste ting fra

Stillehavsområdet . I øvrigt, Bergeron også opfundet flere

Rum- aromatiserede drikkevarer , der blev verdensberømt . de

havde navne som missionær hævn , Sufferin ' Bastard ,

og Mai Tai , hvilket betyder de allerbedste i Tahitian .

Tyggegummi

Folk har haft tyggegummi i mindst 5.000 år.

Ancient tyggegummi , lavet af birkebark tjære , er blevet fundet i

Finland tand aftryk stadig på det . De gamle grækere

og romerne tyggede en harpiks fra tætningsmassen træ kaldet

mastiche . Både birkebark og mastiks var kendt for at have

medicinske fordele .

Maya mennesker i Mellemamerika tyggede

Chiclegummi , der stammer fra den søde saft af Sapodilla træet,

af AD 2. århundrede . Deres mexicanske efterkommere

fortsatte med at tygge Chicle . I Nordamerika , tidlig

Europæiske bosættere begyndte at tygge harpiks fra grantræer

blandet med bivoks. Den gran base var efterhånden

erstattes af paraffinvoks .

Amerikanske opfinder Thomas Adams opfandt moderne

tyggegummi i 1869. Adams havde købt et ton

Chiclegummi fra mexicanske leder Antonio López de Santa Anna,

som derefter boede i eksil i Staten Island , New York.

Santa Anna havde importeret Chicle fra sit hjemland Mexico ,

så han kunne lave dæk , men var meget forgæves .

Adams derefter brugt over et år forsøger at gøre Chicle ind

en gummi erstatning , men mislykkedes hver gang. Men en

dag han genopdaget et interessant fact- Chicle er sjovt at tygge . I februar 1871 Adams New York Gum , som

var glattere, blødere og bedre smag end nogen paraffinbased

tyggegummi , var til rådighed i kiosker. Inden for et par

år, var Adams og andre producenter sælger

forskellige varianter af Chicle -baserede tyggegummi i store mængder.

Imidlertid kunne ingen tidlige tyggegummi holde smag meget længe. det

Problemet blev ikke fastsat indtil 1880, da William White

kombineret sukker og majssirup med Chicle . amerikansk

iværksættere William Wrigley Jr. og Frank H. Fleer

gjort yderligere udvikling af smag problem. Wrigley

grundlagde Wrigley tyggegummi Company i Chicago

i 1891 og bruges smart markedsføring strategi om at blive den

mest berømte tyggegummi mærke i verden. I en sådan smart

flytte, mailet han 3 stave af tyggegummi til alle , der er anført i

den amerikanske telefonbog -over 7 millioner mennesker !

Mange af deres tidlige mærker som Juicy Fruit , Spearmint og

Doublemint er stadig meget populært i dag .

I 1906 var det Fleer s Philadelphia -baserede selskab,

lanceret Chiclets , den allerførste slik belagt tyggegummi . Sukkerfrit

tyggegummi , anbefales af tandlæger , blev indført

i løbet af 1950'erne . I 1960'erne billigere menneskeskabt latex

materialer stort set har erstattet Chicle . Men Chicle

fortsætter med at være det fælles ord for tyggegummi, i

Spansk.

gumballs

Ifølge legenden blev den gumball opfundet omkring

starten af det 20. århundrede af en anonym tysk

købmand i New York. En dag , irriterede , at hans blokke af

tyggegummi var ikke sælger , han forede op et stykke og slyngede det

hele butikken. Den tot tyggegummi derefter faldt i en tønde

sukker og erhvervet en nyligt glinsende udseende.

Købmanden derefter viste sin opdagelse til en ven , fra

hvem han lånte en peanut automat, skiftende

dens mekanisme til at dispensere kugler af gummi. hvorvidt dette

historie er sand er ikke kendt, men der var angiveligt

automater til stick eller blok -formet tyggegummi så tidligt

1888 . I 1897 Pulver Manufacturing Company

tilføjede animerede figurer til sine tyggegummi maskiner som en ekstra

attraktion. Men de første maskiner bære faktiske

gumballs blev ikke set indtil 1907 sandsynligvis frigivet

først af Thomas Adams Gum Co i USA.

Amerikansk iværksætter Frank Henry Fleer var en af de

tidlige pionerer tyggegummi . Blandt hans tidlige projekter

var at skabe slik -belagt tyggegummi og hans opfindelse ,

Chiclets , er stadig meget populære i dag . Fleer søgte

en mere elastisk type tyggegummi og på trods af hans første grueligt

klistret og rodet forsøg , han til sidst endte med

hvad vi kender som tyggegummi . Mærkeligt nok , det var hans revisor, Walter Diemer , der er krediteret
med at finde den

rette kombination af ingredienser til at gøre gummi elastisk

nok til at blæse ind i en boble uden at kræve terpentin

at fjerne det fra huden som Fleer første prototyper gjorde!

Diemer også etableret den traditionelle tyggegummi farven pink

ved hjælp af den eneste nuance findes på hylden , da han var

gør hans løgnehistorie. Hans 1928 skabelse, Dubble Bubble ,

blev den første kommercielt succesfulde bubblegum . det

blev oprindeligt solgt som gumballs med navnet stemples

på slik belægning og senere som små klodser med tegneserie

indpakninger . Det er stadig populære i dag.

Patenteret i 1923 Norris Manufacturing Company

produceret deres Mester linje af krom gumball maskiner

i løbet af 1930'erne . Disse maskiner kunne acceptere enten

øre eller Nickels .

En anden tidlig producent af tyggegummi til gumball

maskiner i USA blev grundlagt i 1934 - Ford Gum

og Machine Company of Akron, New York. Ford

mærke af gumball maskiner havde også en skinnende krom

farve. I dag , gumballs og maskiner, de er placeret

i er allestedsnærværende og til stede overalt fra barber

butikker og renserier til købmandsforretninger og endda nogle

chefkontorer.

Instant nudler

Taiwansk -japanske forretningsmand Momofuku Ando

opfandt instant nudler . I 1958 grundlagde han Nissin

Foods , der er baseret i Osaka, Japan . For år efter afslutningen af

Verdenskrig var der en konstant mangel på fødevarer i

Japan , og Ando , så en bank præsident, konkluderede, at

sult var det mest presserende globale problem i sin tid. i

1957 sin bank mislykkedes, og Ando begyndte at udvikle en massproduced

dehydreret nudelsuppe (ramen) for at løse det.

I sit første år , Ando havde nogen succes overhovedet . De fleste gange

tekstur af nudlerne efter kogning ikke var rigtigt.

Men en dag , Ando kastede nogle af nudler i

tempura olie , at hans kone havde opvarmet at tilberede aftensmad. han

derefter opdagede, at flash stegning dehydreret nudler

og gav dem en længere holdbarhed . Ikke kun det, det også

skabte små huller , der gjorde dem koge hurtigere.

Instant nudler blev født, og i en alder af otteogfyrre ,

Ando indledte sin karriere som Mr. Noodle .

Instant nudler blev først markedsført i Japan den 25. august ,

1958 under navnet Chikin Ramen , hvilket betyder Kylling

Ramen . Forbrugerne hurtigt omfavnede bekvemmelighed

at foretage en øjeblikkelig ramen derhjemme. Det blev en basisfødevarer i

Japan og andre mærker , som Nestlé Maggi , kommet på markedet. Ando gengæld kiggede for
internationale kunder.

Ando havde sin næste store idé på en forretningsrejse til

USA i 1966. Han observerede supermarked ledere i Los

Angeles ved hjælp af deres Styrofoam kaffekopper som ramen bowls .

Fascineret , Ando replikeres disse interimistiske beholdere til

et nyt produkt. I 1971 Nissin introduceret Cup Noodles -

instant nudler i en vandtæt varmebestandig polystyren

kop, der kun brug for kogende vand til at koge . Cup Noodles

var meget vellykket, især i udlandet, hvor skåle eller

spisepinde var normalt ikke tilgængelige .

Instant nudler har endda været til rummet ! Ando udviklet

Space RAM, vakuumpakket øjeblikkelige ramen gjort

især for japanske astronaut Soichi Noguchi fra 2005

tur på Discovery rumfærge .

Ifølge en japansk meningsmåling foretaget i år

2000 " japanerne mener, at deres bedste opfindelse af

det tyvende århundrede var instant nudler . " Som i 2010 ,

cirka 95 milliarder portioner af instant nudler er

spist på verdensplan hvert år . Det er et gennemsnit på 14

skåle per person ! Som Momofuku Ando , der senere blev

en japansk national helt , sagde, ' Mennesket er Noodlekind .

Slip-let køkkenudstyr

Opdagelsen af non-stick teknologi begyndte med forskning

på køleskabet . Dr. Roy Plunkett , en amerikansk kemiker

ved Kinetic Chemicals fabrik , et datterselskab af DuPont , var

søger efter en mindre giftigt kemikalie til brug som kølemiddel .

I 1938 Plunkett opdigtede en blanding, der var beregnet til at

producere tetrafluorethylen gas og forlod det natten over på en lav temperatur og under tryk. Den næste morgen,

han kom på arbejde for at finde en hvid , voksagtig substans i stedet

af den gas, som han havde forventet. Det nye stof var en

polymer - polytetrafluorethylen (PTFE) . Det var hurtigt

anerkendt som en usædvanlig glat og kemisk

inaktivt stof. DuPont varemærkebeskyttede processen og

kemikalie som Teflon i 1945.

Ved 1951 havde Dupont udviklet kommercielle applikationer

for Teflon i brød og cookie gør markedet . men

undgik markedet for forbruger køkkengrej grund

potentielle problemer i forbindelse med udgivelsen af giftige

gasser. Det var ikke før en fransk ingeniør ved navn Marc

Grégoire fundet en måde at knytte bånd PTFE med aluminium

at den første nonstick køkkengrej blev oprettet. Grégoire

var begyndt belægning hans fiskeredskaber med Teflon for at forhindre

tangles . Hans kone Colette foreslog at bruge den samme

metode til at belægge sine gryder . Colette idé var en øjeblikkelig succes og en fransk

patentet er meddelt for processen i 1954. I 1955

Grégoires begyndte at lave og sælge non- stick køkkengrej

ud af deres køkken. Det viste sig så populær, at i 1956

grundlagde de Tefal Corporation , der dannes ved at tage Tef

fra Teflon og Al fra Aluminium. Et par år senere ,

en amerikaner ved navn Thomas Hardie mødte Grégoire mens

på en forretningsrejse. Han var imponeret over kogegrej

og overtalte DuPont at importere dem til USA. men

DuPont insisterede på at ændre navnet Tefal til T- Fal som

navnet var for tæt på deres varemærke af Teflon.

Efter adskillige forsøg på at renter detailhandlere, Hardie

endelig overbevist Macy 's stormagasin i New

York City for at placere en lille ordre på T- Fal pander. de

gik til salg for $ 6,94 den 15. december 1960 og til

alles forbløffelse hurtigt udsolgt, selv under

en alvorlig snestorm . Faktisk non- stick køkkengrej var så

succes, at fabrikkerne ikke kunne rampe op produktion

hurtigt nok til at imødekomme efterspørgslen . Ved 1961 havde T- Fal salg

nåede en million stykker om måneden i USA alene . andet

producenter snart følgeskab markedet som Wearever , All-

Clad , Faberware , Viking , og Circulon . Mens andre nonstick

belægningsmaterialer blev også opfundet, det er Teflon der

har domineret markedet .

CHOPSTICKS

Spisepinde eller kuaizi er de traditionelle spise redskaber af

Kina , Japan , Korea og Vietnam. traditionelt kuaizi

Der afholdes i den dominerende hånd , mellem tommelfinger og

fingre , og bruges til at afhente stykker af fødevarer. den engelske

Ordet spisepind kan have været afledt fra kinesisk

Pidgin engelsk ord Fukssvansen betyder hurtigt.

Ifølge kinesisk historie blev spisepinde først brugt

under Shang -dynastiet , og Zhou, den sidste konge af

Shang-dynastiet , brugt elfenben spisepinde . Men eksperter

mener, at bambus og træ spisepinde var i brug

over 1.000 år før elfenben spisepinde . de tidligste

blev gjort fysisk bevis for en par spisepinde

af bronze og udgravet fra ruinerne af Yin, den sidste

hovedstad i Shang-dynastiet , fra omkring år 1200 f.Kr.. den

tidligst kendte tekstmæssige henvisning til anvendelsen af spisepinde

er fra det 3. århundrede f.Kr. .

De tidligste versioner af spisepinde kan have været brugt

til madlavning , omrøring ilden, og servering eller beslaglæggelse stumper af

mad, men ikke som spiser redskaber. Med en voksende befolkning

og knappe ressourcer brændstofpriser, den gamle kinesiske startede

til at skære maden i mindre stykker , så det ville koge hurtigere og

bruge minimal brændstof. Disse mundrette bidder af mad lavet knive unødvendig ved bordet og var perfekt til at spise med

spisepinde . Spisepinde begyndte at blive brugt som spise redskaber

under Han dynastiet som de var mere lacquerware

venlig end andre skarpe spise redskaber.

Ved 500 e.Kr. , havde spisepinde spredt sig fra Kina til andre

lande som Korea, Vietnam og Japan. tidlig japansk

spisepinde blev brugt udelukkende til religiøse ceremonier

og blev foretaget af ét stykke bambus sluttede på

øverst. Disse kiggede lidt ligesom en pincet. Senest den 10.

århundrede , men de blev lavet som to separate

stykker. Guld og sølv spisepinde blev populær i

Tang-dynastiet (618-907 e.Kr.) . Men det var først i løbet af

Ming-dynastiet (1368 - 1644 e.Kr.) , at spisepinde blev

populært for både servering og spise, blev opkaldt kuaizi ,

og erhvervet deres nuværende form.

Vidste du?

I oldtid og middelalder Kina , var sølv spisepinde

undertiden bruges fordi man mente , de ville

bliver sort , hvis de kom i kontakt med forgiftet mad .

Denne praksis må have ført til nogle uheldige

misforståelser. Det er nu kendt , at sølv ikke har nogen

reaktion på arsen eller cyanid , men kan skifte farve , hvis det

kommer i kontakt med hvidløg , løg eller rådne æg -alle af

som frigiver hydrogensulfid gas.

plastfilm

Klamre -wrap eller mad wrap er en tynd plastfilm bruges til tætning

fødevarer i beholdere , så de forbliver frisk i løbet

en længere periode. Disse wraps kan klamre sig til mange

glatte overflader og kan forblive stram mens dække

åbningen af en beholder uden lim eller anden

enheder. Husholdningsfilm wrap er populært kaldet gladwrap

i Australien og New Zealand , og Saran -wrap i

Nordamerika. Det var oprindeligt lavet af polyvinyliden

chlorid eller PVDC . Disse film fungerer som en barriere mod

oxygen, fugt , kemikalier og varme og så er perfekte

til beskyttelse af mad samt forbruger-og industrielle

produkter.

I 1933 , Ralph Wiley, en universitetsstuderende , der arbejdede

som et laboratorium assistent på Dow Chemicals , ved et uheld

opdagede PVDC da han kom på tværs af et hætteglas han ikke kunne

skrubbe rene. Han kaldte stoffet i hætteglasset eonite ,

efter en uforgængelig materiale i tegneserien Lille

Orphan Annie. Dow forskere konverteret Ralphs eonite

ind i en fedtet , mørkegrøn film og kaldte det Saran i stedet.

Dow senere sluppet af Saran grønne farve og ubehagelig

lugt. I de første år efter opdagelsen af Saran, det

blev brugt af militæret til at sprøjte deres jagerfly så

at de kan være beskyttet mod salt spray og bilfabrikanter til polstring . I 1956 , den amerikanske Food &
Drug

Administration (FDA) godkendt PVDC for bestemte fødevarer

kontakt samt fødevareemballage. Desuden PVDC har

også blevet godkendt til brug som en overflade fødevare kontakt i

form af en basispolymer , i fødevarer pakke pakninger , i direkte

kontakt med tørre fødevarer, og for pap belægninger i

kontakt med fedtholdige og vandige fødevarer.

SC Johnson nu markedsfører Saran - Wrap mærke af plast

film. I juli 2004 blev navnet Saran Original ændret

til Saran Premium og formuleringen blev ændret til

polyethylen med lav densitet (LDPE), som er en sikrere og

mere miljøvenlig plast. Glad - Wrap, fra

Union Carbide Corporation , og Handi -wrap , er andre

LDPE baseret husholdningsfilm wrap mærker.

Vidste du?

Sangen clingwrap af australske singer-songwriter Sam

Sparro indeholder tekster som:

Du skal have troet, jeg var din snack ,

Fordi nu vil du holde sig til mig som klamrer wrap.

Åh, fordi du elsker mig.

Hvornår fik du så skør?

Du er klistret, du er klistret, du er klistret,

Og du er ligesom klamre wrap.

dåsemad

Historien om dåsemad begynder i 1795 , da den franske

regering tilbød 12.000 francs , en stor præmie , til nogen

der kunne opfinde en fremgangsmåde til konservering af fødevarer. Napoleon havde berømt bemærkede, at en hær ' rejser på maven , "

fordi hans tropper blev ødelagt meget mere af sult

og skørbug end kamp .

Parisian Nicholas Appert , efter at eksperimentere i 15 år,

held konserves ved delvist at koge det , forsegling

det i lufttætte flasker med korkpropper og nedsænkning

disse i kogende vand. Prøver af Appert mad var

taget af Napoleons tropper , der rejste ad søvejen for over

fire måneder og det forblev frisk. Han blev belønnet i

1810 af kejseren , for hans opfindelse. Han skrev også en

bog med titlen The Book af alle husstande eller The Art of Bevarelse

Animalske og vegetabilske stoffer i mange år.

Britisk købmand Peter Durand patenteret lufttæt tin

kan metode til at bevare fødevarer og andre letfordærvelige varer i

1810 . Resten af hans bevarelse proces var magen til

Appert er. Dåserne blev lavet af jern , overtrukket med tin

for at undgå rust og var meget lettere at håndtere end

Appert s glasflasker . I 1812 Durand solgte sit patent til

to englændere , Bryan Donkin og John Hall , for £ 1.000. De oprettet en kommerciel konservesfabrik i Bermondsey ,

England, og ved 1813 producerede dåse varer til

den britiske hær og flåde . Nærende dåse grøntsager

hurtigt elimineret skørbug.

Sir William Edward Parry lavet to arktiske ekspeditioner til

Nordvestpassagen i 1820'erne og tog dåsemad

på begge sine rejser . Et fire -pund tin af brændt kalvekød , gennemført på begge ture , men aldrig åbnet, blev bevaret i

et museum , indtil den blev åbnet i 1938. Indholdet , så

over hundrede år, blev anset for at være helt

spiseligt ! Men tidlige dåser blev forseglet med bly loddemetal, som

undertiden forårsaget blyforgiftning . Berømte medlemmer af

Sir John Franklins 1845 arktiske ekspedition lidt alvorlig

blyforgiftning efter tre år med at spise dåse hundekød .

Den moderne dåseåbner blev opfundet i 1865 , hvilket gør

dåse produkter endnu mere bekvemt. de sanitære

eller åbne toppen kan blev indført af Sanitary Can

Company of New York i 1904. Det begyndte snart at dominere

markedet, fordi det var let at fremstille og

kræves der ingen lodning, hvilket eliminerer muligheden for

af blyforgiftning . I dag er der mere end 600 størrelser

og stilarter af dåser , der fremstilles og dåsemad

er mere populær end nogensinde.

drikkevarer på dåse

Dåser blev brugt til at pakke øl og sodavand så tidligt

som 1930. De var mere robuste end glasflasker og nemmere

at opbevare og transportere . Tidlig dåse drikkevarer blev factorysealed

og krævede en særlig åbner. disse cylindrisk

Punch bedste dåser fremstillet af jern eller tin og havde en flad top

og bund. I midten af 1930'erne , dåser med kegleformede toppe

og hætter , der kunne åbnes og hældes ligesom flasker

blev udviklet. Disse kegle toppe og crowntainers var

produceret indtil slutningen af 1950'erne.

Den første dåse sodavand, Cliquot Club Ginger Ale,

blev lanceret i 1938 Det plejede en kegle top dåse produceret.

af Continental Can Company, som ofte lækket eller

bibringes en metallisk smag til drikken. disse problemer

lavet drikkevarer på dåse langsom til at fange den. Af Anden Verdenskrig,

dåser kun bestod af ti procent af markedet for drikkevarer .

Det tog flere år for de fejl , der skal udarbejdes. en

forbedret design fra Continental Can endelig lov

Pepsi -Cola til at lancere den første store dåse sodavand i

1948. Dens popularitet blev forsinket af mangel på metal under

Koreakrigen i begyndelsen af 1950'erne , men ved 1960 Pepsi og

Royal Crown solgte et stort antal dåse blød

drikkevarer. Inspireret af konkurrencen , begyndte Coca-Cola

markedsføring dåser på en stor skala snart bagefter. Amerikansk Ermal Fraze udtænkt trækfligen oplukker i

1959. Dette eliminerede behovet for en separat dåseåbner .

Tilsyneladende, mens på en picnic , Fraze glemt at bringe en

dåseåbner og blev tvunget til at bruge en bil kofanger til at lirke

dåser åbnes. En nat han huskede hændelsen og

begyndte at arbejde på en selvåbnende dåse . Andre havde forsøgt at

komme med lignende udstyr , men de er fejlbehæftet eller

brød nemt. Fraze løst disse problemer og hans opfindelse

lavet dåse drikkevarer endnu mere populær . I 1965 næsten

75 procent af de amerikanske bryggerier bruger det . imidlertid

mennesker en tendens til at smide fanen efter åbning af deres

kan skabe et stort svineri problem.

Snart stål og tin dåser blev erstattet af aluminium

dem , der havde mange fordele , de var lette,

billig, korrosionsbestandig , holdbare og genanvendelige. den

første aluminium drik kan , er fremstillet af

Reynolds Metals Company i 1963 og anvendt til en kost cola

kaldet Slenderella . Royal Crown vedtog aluminium

kan i 1964 og 1967 Pepsi og Coke følges.

I 1977 Fraze patenterede den første ikke- aftagelig, pushin

og fold -back pop fanen oplukker. Dette løste kuld

problemer forbundet med pull- fanen . Ved 1985 poptab

aluminium kan domineret emballerede drikke

marked.

Aluminiumsfolie

Aluminiumsfolie er defineret som plader af aluminium,

er mindre end 0,2 mm tyk . Husholdningernes folie er endnu tyndere ,

typisk 0,016 mm eller 0,024 mm . Cirka 75 procent

aluminiumsfolie anvendes til emballering af fødevarer, kosmetik og kemiske produkter. Resten anvendes i industriel

applikationer. Udtrykket aluminiumfolie blev udbredt

af Reynolds Metals , den førende producent i Nord

Amerika.

Metallisk aluminium blev tilgængelig i store mængder

i 1888. Alfred Gautschi af Gontenschwil , Schweiz

var den første til at producere aluminiumsfolie i 1903 ved hjælp af

den kendte pakning valsningen . Gautschi stablet en

antal tynde aluminiumsplader i en pakke og rullede

det mellem tunge jern cylindre. Han gentog processen

med gradvist mindre huller mellem cylindrene

indtil den ønskede folietykkelse blev opnået. En anden

tidlig fabrikanten var Dr. Lauber , Neher & Cie , baseret

i Kreuzlingen, Schweiz. I 1907 opdagede de

en alternativ kontinuerlig rulning og anvendelsen af

aluminiumsfolie som en beskyttende barriere.

Sølvpapir havde været kommercielt tilgængelige siden slutningen af

19. århundrede. Men det var ikke meget formbart og gav en svag metallisk smag til mad pakket ind i det. Derfor er det nye

materiale hurtigt erstattet det. I 1911 , Schweiz -baserede

konfekture firma Tobler begyndte indpakning sin chokolade

barer i aluminiumsfolie , herunder deres unikke trekantede

chokolade bar , Toblerone . Anvendelse af aluminiumsfolie

wrap chokolade var en næsten øjeblikkelig succes , fordi det

beskyttet mod fugt og holdt aroma intakt . ved

1912 aluminiumsfolie blev også brugt af Maggi , nu

Nestlé Maggi , at pakke supper og bouillonterninger .

Kommerciel produktion af aluminiumsfolie i USA begyndte

i 1913. Den oprindelige marked var meget lille , hvilket gør ben

bands til at identificere brevduer . Men snart var der

mange andre programmer som wraps for chokolade , te ,

Life Savers pastiller , slik barer, og tyggegummi. I 1921 ,

den første folde karton lamineret med aluminiumsfolie

blev produceret. Mejeriindustrien var en tidlig adoptant

da aluminiumsfolie ikke slå sorte i kontakt med

ost og var omkring 20 procent billigere end sølvpapir .

Husholdningernes folie først blev markedsført i slutningen af 1920'erne .

Aluminiumsfolie blev en stor emballagemateriale

under Anden Verdenskrig . Efter krigen , dets applikationer begyndte

at formere sig , ligesom præfabrikerede folie fødevarer containere , der var

første gang lanceret i 1948. I dag , aluminiumsfolie - i lyse

farver , trykt , præget eller lamineret er overalt.

persienner

Persienner og tremme blinds er nogle af de mest

almindeligt anvendte persienner . De kan være fremstillet af

plast, metal, bambus , eller endda træ, med lamellerne

placeret den ene oven på den anden. Som snore eller tape suspendere blinds , kan alle de vandrette lameller drejes i

samme tid på en sådan måde, at den ene tremme overlapper med

anden. Dette hjælper til at styre mængden af lys , der strømmer

ind i rummet. Yderligere lift ledninger passerer gennem hver

vandret tremme hjælp til at hæve og sænke blinds. den lamel

bredder kan variere med 25 mm er den mest almindeligt

Brugt Bredde .

Den persienne kan spores tilbage til midten af det 18.

århundrede , men meget af sin tidlige historie er baseret på formodninger .

Selvom patent optegnelser kredit Gowin Knight og Edward

Beran England med opfindelsen af persienner , det

menes, at den franske var at bruge disse blinds før

dem. Men den franske henvist til disse blinds som les

Persiennes , hvilket tyder på en asiatisk oprindelse. nogle konti

tyder på, at venetianerne , der var handlende , lærte

om disse blinds fra perserne , og det var

Venetianske slaver, der har indført dem i Frankrig.

I 1761 , St. Peters kirke i Philadelphia blev den første bygning i USA, der skal udstyres med venetianske

blinds. John Webster er krediteret med at være den første person

i USA at bruge og sælge persienner i

1767 . Persienner viste sig så i 1787 maleriet

af JL Gerome Ferris , med titlen The Besøg af Paul Jones til

forfatningskonventet . Andre illustrationer viser

Persienner på Independence Hall i Philadelphia

på tidspunktet for underskrivelsen af den amerikanske erklæring af

Uafhængighed.

Mellem det 19. og tidlige 20. århundrede , de fleste kontor

bygninger i USA begyndte at bruge venetianske

persienner til at regulere strømmen af lys i deres arbejdsområder.

I 1930'erne Radio City Music Hall Building

og Empire State Building i New York City blev

den første store moderne kontor komplekser at bruge Venetian

blinds for deres vinduer. The Burlington Venetian Blind

Co i Burlington, Vermont , er krediteret med at levere

den største enkeltordre for persienner , som var

bruges til at dække de 6.500 vinduer , fordelt på 102 etager ,

af hele Empire State Building.

jernbeton

Ordet beton kommer fra det latinske ord concretus

betyder kompakt eller kondenseres. armeret beton

indeholder forstærkende strukturer med høj trækstyrke,

såsom stålstænger , der modvirker lav trækstyrke

og elasticitet af almindelig beton . Disse strukturer er

indlejret i ny beton , før det hærder .

Beton har været anvendt til byggeri siden romersk

gange . Men tidlig beton blev ikke forstærket og havde meget lav trækstyrke . Det vides ikke med sikkerhed , der

opfinderen af armering var men opførelsen af

små robåde af Jean -Louis Lambot i begyndelsen af 1850'erne

kan være den første vellykket eksempel. Lambot , en landmand ,

forstærket sine både med jernstænger og trådnet . han også

foreslået at bruge materialet til at konstruere bygninger.

I 1854 et pudsebræt , William Wilkinson i Newcastle -upon-

Tyne, England , bygget et lille to-etagers tjener hytte ,

Armering af gulv og tag med jernstænger

og wire , og patenteret denne type byggeri i

England. Wilkinson bygget flere sådanne strukturer , der er

ofte betragtes som den første armeret beton bygninger.

Joseph Monier var en parisisk gartner, der gjorde haven potter og krukker af beton forstærket med en jern mesh.

Han udstillede sin opfindelse på Paris Exposition 1867 .

Han forfremmet også armeret beton til brug i jernbane

sveller , rør, gulve , buer, og broer , men aldrig

forstod det transporterende princippet om forstærkning.

Den franske bygmester Francois Coignet var den første til

brug armeret beton i bygninger på en stor skala. han

begyndte at eksperimentere med jern - armeret beton i

1852 . Et år senere byggede han en fire- etagers hus helt

af armeret beton i St. Denis , en nordlig forstad til

Paris. Denne skelsættende bygning stadig står .

I 1879 , GA Wayss købte rettighederne til Monier s

systemet og banebrydende armeret beton byggeri i

Tyskland og Østrig. Ernest Ransome i San Francisco,

California , patenteret et system i 1884 , der bruges snoet

firkantede stænger til at forbedre bindingen mellem betonen

og den forstærkende og brugt det i flere store bygninger .

Francois Hennebique i Paris var også begyndt at bygge

armeret beton huse ved slutningen af 1870'erne . I 1892 , han

patenteret Hennebique system for konstruktion og begyndte

at etablere franchises i større byer . Hans modulsystem

kombineret søjler og bjælker i en enkelt monolitisk

element, og var i høj grad ansvarlig for den hurtige vækst

af armeret beton konstruktion i Europa.

Lykønskningskort

Hallmark Cards og American Greetings er de største

producenter af lykønskningskort i verden. Det anslås

at en person alene i UK sender 55 kort om året på

et gennemsnit, hvilket gør lykønskningskort en milliard- pund om året

virksomhed. Skikken med at sende lykønskningskort datoer

tilbage til de gamle kinesere, der udvekslede beskeder

af goodwill for at fejre nytår og til den tidlige

Egyptere, der transporteres deres hilsener på papyrus

skriftruller .

Håndlavet papir lykønskningskort blev udvekslet i

Europa i begyndelsen af det 15. århundrede. Tyskerne er kendt

at have trykt nytårshilsener fra træsnit som

tidligt som 1400, og håndlavet papir Valentines var ved at blive

udveksles i forskellige dele af Europa i begyndelsen til midten af

15. århundrede.

Af 1850'erne , havde lykønskningskort blevet forvandlet fra

en relativt dyre , håndlavede og afleveret

gave til en populær og overkommelige midler til personlig

kommunikation. Dette lanceret nye trends som specielt

designet julekort af Sir Henry Cole i London i

1843 den første offentliggørelse af Valentine -kort i USA

Staterne af Esther Howland i 1849 og virksomheder som Marcus Ward & Co Goodall , og Charles Bennett massproducing

lykønskningskort i 1860'erne . Men Louis

Prang er generelt krediteret med starten af hilsen

card industrien i Amerika i 1856. I begyndelsen af 1870'erne ,

Prang begyndte at offentliggøre deluxe udgaver af julen

kort, som fandt en klar marked i England . I 1875

han introducerede den første komplet serie af julekort

til den amerikanske offentlighed .

En række af nutidens førende lykønskningskort forlag ,

som fokuserede mere på de udtrykte stemningen end

på illustrationer, blev grundlagt omkring 1906. De

indført vigtige nyskabelser i trykning processer ,

teknikker , og dekorative behandlinger for hilsen

kort. Farve litografi (1930) var en sådan innovation.

Under Anden Verdenskrig , den amerikanske lykønskningskort

industri sammenlægges deres ressourcer til at hjælpe regeringen sælge war- obligationer og give kort til soldater stationeret

oversøisk . Denne periode markerer også begyndelsen af sin

tæt samarbejde med US Postal Service .

Humoristisk lykønskningskort , kendt som studie -kort, blev

populær i slutningen af 1940'erne og 1950'erne . Med fremkomsten af

Internet elektroniske -cards , e-kort er nu blevet

meget populære.

paperback bøger

En paperback , også kendt som softback eller softcover , er

kendetegnet ved et tykt papir eller pap låg

holdt sammen med lim snarere end masker eller hæfteklammer.

Billig bøger bundet i papir har eksisteret siden på

mindst det 19. århundrede som pjecer , yellowbacks , dime

romaner og lufthavnens romaner. De fleste moderne paperbacks er

klassificeret i "masse - marked« eller »handel« paperbacks .

Tyske forlægger Albatross Books pioner 20.

århundrede massemarkedet paperback format i 1931, men

Verdenskrig sender eksperimentet kort . I 1935 Britisk

forlægger Allen Lane lancerede Penguin Books

aftryk med ti genoptryk titler. Den aftryk vedtaget mange

af Albatross ' nyskabelser , herunder en iøjnefaldende logo

og farvekodede covers til forskellige genrer , og var en

øjeblikkelig økonomisk succes. Penguin Books væsentlige

begyndte paperback revolution i den engelsksprogede

bogmarked. Nummer et på Penguin første nogensinde liste over

bøger i 1935 var André Maurois ' Ariel .

Lane ønskede at fremstille billige bøger. han købte

paperback rettigheder fra forlag , beordrede stor skrift

kørsler , omkring 20.000 eksemplarer, og kiggede for ikke-traditionelle

detail steder at holde enhedspriser lav . Boghandlerne var oprindeligt tilbageholdende med at købe hans bøger , men da Woolworths

placeret en stor ordre , bøger solgte særdeles godt. efter

denne indledende succes , var boghandlerne ikke længere tilbageholdende

til lager paperbacks .

I 1939 Robert de Graaf i USA indgået et samarbejde

med Simon & Schuster til at oprette Pocket Books etiket. den

Udtrykket lomme bog blev hurtigt synonym med paperback

i engelsktalende Nordamerika. De Graaf , som Lane,

erhvervede paperback rettigheder fra andre udgivere og

produceret mange kørsler . For at nå endnu bredere

markedet end Lane, brugte han distributionsnet

aviser og blade, som havde en lang historie

blive rettet mod masse publikum . Dette var begyndelsen

af massemarkedet paperbacks . Handel paperbacks , der er

distribueret af bogførte grossister og distributører , var

lanceret omkring samme tid .

James Hiltons Lost Horizon er ofte nævnt som den første

Amerikanske paperback bog på grund af dets nummer et

position i hvad der blev en meget lang liste af pocket udgaver.

Men den første massemarkedet , lommeformat , paperback bog

trykt i USA var en udgave af Pearl Buck The Good

Jorden produceret af Pocket Books som et proof- of-concept i

sent 1938 og solgt i New York City. I 1960 salg fra

paperback bøger først overgået dem af Hardcovers .

lommelygter

Franskmanden George Leclanché opfandt den våde celle batteri

i 1866. Den indeholdt syre , der kunne løbe ud , hvis væltede .

I 1888 , en tysk videnskabsmand , Dr. Carl Gassner , indkapslet

den våde celle i en forseglet zink beholder , skabe den første

bærbart batteri - den tørre celle. I 1896 , en forbedret tør celle

blev opfundet ved hjælp af en pasta elektrolyt i stedet for en væske.

I mellemtiden, Joseph Swan i England og Thomas Edison

i Amerika havde opfundet den moderne glødelampe

pære i 1879. Tørre celler og miniature pærer gjort

første elektriske lommelygter , også kendt som fakler , mulige .

I 1898 , National Carbon Company lancerede D-type

tør celle batteri , som gav strøm nok til håndholdt

bærbare lys. En af de tidlige produkter powered by det var

en nål med en miniature pære. Ledninger tilsluttet pæren

til et batteri , der var skjult i en lomme eller bag et tørklæde .

Når bæreren trykket på en switch, pæren blinkede . brugere

snart opdagede praktiske anvendelser for denne opfindelse , såsom

læsning i mørke restauranter eller teatre.

For mange år, det førende navn i lommelygter var

Eveready , oprindeligt The American Electrical nyhed og

Manufacturing Company. En russisk immigrant , Conrad

Hubert, startede det i New York , i 1898. David Misell , en engelsk opfinder , begyndte at arbejde for Hubert i 1897. I

1899 Hubert selskab opnåede patent på en elektrisk

enhed. Denne enhed , designet af Misell , meget lignede

en moderne lommelygte. Det blev drevet af D- batterier , der er

front til tilbage i et papir rør med pære og en

ru messing reflektor i den ene ende . Selskabet doneret

nogle af disse enheder til New York politiet, som

reageret positivt på dem. I 1903 , Hubert patenteret

en lommelygte med en tænd / sluk-knap i en moderne cylindrisk

kappen indeholder lampen og batterier.

Disse tidlige lommelygter kørte på zink - kul-batterier , som

kunne ikke give en konstant elektrisk strøm og krævede

periodisk hviler at fortsætte med at fungere . De brugte også

energiineffektive kulstof - glødepærer , hvilket betød

at rester skulle være hyppige. Derfor kan de være

kun anvendes i blinker korte , hvilket resulterer i udtrykket lommelygte.

Udvikling af wolfram - glødelampe rundt

1906 med tre gange effekten af carbonfilamenter

og forbedret batterier , lavet lommelygter mere nyttigt

og populære. I 1922 , håndholdt , Lygten , og en lygte

versioner var tilgængelige. Kraftfuld og pålidelig hvid

LEDs blev først introduceret i 1999 af de Lumileds

Corporation i San Jose , Californien. Disse er nu

erstatte glødepærer i lommelygter .

sparebøsser

I middelalderen , metal var både dyrt og

svært at finde i hele Europa. Følgelig er familier

brugt ler til at skabe forskellige husholdning potter , krukker , skåle,

og håndvaske. I Mellemøsten engelsk henviste pygg til en

type af appelsin ler almindeligt anvendt for at gøre sådan

poster. Folk ofte sparet penge i køkken gryder og

krukker fremstillet af pygg , kaldet pygg krukker. Vokaler i begyndelsen

Engelsk havde forskellige lyde , end de gør i dag , så

i den tid af sakserne , ordet pygg ville

er blevet udtalt mops . Men som udtalen af

y ændret fra en 'u' til et 'i ' pygg sidste ende kom til

skal udtales som gris. Måske tilfældigt , den gamle

Engelske ord for svin , gården dyr , var picga , med

Mellemøsten engelske ord udvikle sig til Pigge , muligvis

grund af det faktum , at dyrene rulles rundt i

pygg mudder og snavs.

Over de næste 200-300 år

ler (pygg) og dyr (Pigge) kom til at blive udtalt

det samme, og europæerne langsomt glemte at pygg engang

henviste til de lerkar , krukker, og kopper . ved

18. århundrede, havde stavningen af pygg ændret sig, og

Udtrykket pygg krukke havde udviklet sig til gris bank. Så i det 19.

århundrede, da engelske pottemagere modtaget anmodninger om pygg banker , de begyndte at producere banker formet som

svin. Denne smarte visuelle ordspil appellerede til kunderne, og

glade børn. Når den betydning havde overført

fra stoffet til form, sparebøsser begyndte at

være fremstillet af andre stoffer, herunder glas, keramik,

porcelæn , gips, og plast.

En alternativ teori er, at i Tyskland og omkringliggende

lande , grisen er et symbol på held og lykke. Man mente

at holde penge i en gris -formet bank ville bringe

lykke. På nytår , såkaldte heldige grise er stadig

udvekslet som gaver i Tyskland.

Vesteuropæere var ikke de eneste, der gør piggy

banker. I Japan, Maneki Neko , eller penge kat , er ofte

placeret i hjem for at hjælpe med at bringe held og lykke

til husstanden. Maneki Nekos bruges ofte som en slags

af sparegris , holde Loose Change og penge til

familie. Endnu mere interessant, den første sande sparebøsser , terracotta banker i form af svin med slots i toppen

til deponering mønter blev lavet i Java så langt tilbage som den

14. århundrede. Den indonesiske sigt celengan , der betyder 'ligesom

et vildsvin " , blev brugt til at beskrive disse indenlandske banker .

elastikker

En elastik, også kendt som et bindemiddel, et elastisk eller

elastik , en lakaj band, laggy band, Lacka band, eller

gumband , er en kort længde af gummi i form af en

løkke , der er almindeligt anvendt til at holde flere objekter

sammen. De bruges også til at drive lille model

flyvemaskiner.

I 1839 en amerikaner ved navn Charles Goodyear opfandt

processen med vulkanisering , der stadig bruges til at gøre

moderne gummi. Den 17. marts 1845 en britisk opfinder

og forretningsmand ved navn Stephen Perry patenteret

første elastikker lavet af vulkaniseret gummi. Perrys

selskabsskat , d'herrer Perry og CO Gummi Manufacturers

af London , lavet en bred vifte af vulkaniseret gummi .

Perry opfandt elastik til at holde papirer eller

konvolutter sammen. Interessant , en anden opfinder, en Dr.

Jaroslav Kurash , separat opfundet og patenteret

elastik i samme år , på den samme dag.

Gummibånd blev første masseproducerede af William H.

Spencer den 7. marts 1923 i Alliance, Ohio. de var

lavet i hans kælder fra kanter skåret fra kasseret

gummiprodukter, såsom afviste slanger fra

Goodyear Company. Spencer , en brakeman for Pennsylvania Railroad, begyndte at sælge sine elastikker

til kontor - forsyning butikker og papir og sejlgarn forretninger. hans

store gennembrud kom, da han mærkede eksemplarer af Akron

Beacon Journal blæser på tværs græsplæner. Han overtalte

avis til at binde sit produkt med sine elastikker

og det blev den første avis i verden, til at gøre det

til hjemmet levering. Han overtalte også købmænd at bruge sin

elastikker i stedet for snor til at fastgøre dagligvarer .

Spencer fortsatte med at arbejde for jernbanen i 14 år

samtidig med at opbygge en gummi -band virksomhed på hans Alliance

plante. I dag er hans Alliance Rubber Company er den største

producent af elastikker i verden. Det gør 17,3

milliard elastikker om året, foruden andre kontor ,

maile og emballage produkter. Virksomhedens produkter sælges i

mere end 30 lande . Spencer døde i 1986 , i alderen 94 .

Vidste du?

Mennesker i Storbritannien ville beklage postbude henkastning

ved at kaste væk elastikker bruges til at holde post

sammen. I 2004 Royal Mail introduceret røde bånd til

deres arbejdstagere. De var nemme at få øje på , og kun den kongelige

Mail brugte dem . Dette gjorde de ansatte føler sig tvunget

at afhente bands, at de havde droppet , som i vid udstrækning

løst problemet. I øjeblikket , nogle 342 mio rød

bands er brugt hvert år.

standure

Bedstefar ure, korrekt kaldes standure , er

høje, fritstående , vægt -drevne pendulure med

pendulet holdt inde i sagen . Udtrykkene bedstefar,

bedstemor, og barnebarn er alle blevet anvendt på

standure . Den generelle konsensus synes at være, at en

ur kortere end 5 ft er et barnebarn , mellem 5 og

6 ft er en bedstemor og over 6 ft er en bedstefar. De fleste

standure strejke tid på hver time eller brøkdel

af en time . Det var britiske ur maker William Clement

der producerede den første standure omkring 1680.

Som historien går , blev et særligt standur placeret

i lobbyen på George Hotel i Piercebridge , North

Yorkshire, England , hvor den stadig står i dag. det var

siges at være usædvanligt præcis . Hotel ejerne var

et par ungkarle , Jenkins brødre. Når en af

brødre døde , den tidligere præcise ur nysgerrigt

begyndte at miste tid . I første omgang tabt 15 minutter om dagen , men når flere clocksmiths opgav at reparere

skrantende ur , det var at miste mere end en time hver

dag. Efter den anden brors død , uret stoppede

kører helt. Den nye leder af hotellet aldrig

forsøgte at få den repareret . Han netop forladt det stående i en

solbeskinnede hjørne af lobbyen , hænderne hvilende i den position, de overtog det øjeblik den sidste Jenkins bror døde.

Omkring 1875 en amerikansk sangskriver ved navn Henry

Clay Work tilfældigvis opholder sig på George Hotel

under en tur til England. Han blev fortalt historien om den gamle

ur og efter at se det for sig selv , besluttede at sammensætte et

sang om det. Arbejdet kom tilbage til Amerika og offentliggjort

teksten til denne sang , Min Bedstefars ur , i 1876. Den

Sangen blev et stort hit , solgte over en million eksemplarer af ark

musik , og populariseret udtrykket bornholmerur . her

er det første vers og omkvæd af sangen :

Min bedstefar ur var for stor til hylden,

Så det stod 90 år på gulvet ;

Det var højere ved halvdelen end den gamle mand selv ,

Selvom det vejes ikke pennyweight mere.

Det blev købt på morn af dagen , at han blev født,

Og var altid sin skat og stolthed ;

Men det stopp'd kort aldrig at gå igen - når den gamle mand døde.

CHORUS

Halvfems år uden slumrende (kryds, kryds , kryds , kryds) ,

Hans liv sekunder nummerering (kryds, kryds , kryds , kryds)

Det stopp'd kort aldrig at gå igen - når den gamle mand døde.

CD'ER

I 1974 elektronikvirksomheden Philips , der er baseret på

Eindhoven, Holland, begyndte at udvikle en

optisk audio disk med en bedre lydkvalitet end

så dominerende vinylplade . De besluttede hurtigt at bruge

et digitalt format. I 1977 begyndte Philips et laboratorium til

kommercialisere deres teknologi. De valgte udtrykket

compact disc , og dens størrelse , 11,5 cm , der passer til en anden

Philips produkt - kompakt kassette .

I mellemtiden, Sony , der er baseret i Japan , offentligt havde

demonstreret en optisk digital audio disc i september

1976. I 1978 udviklede de en disk med specifikationer

svarer til den moderne cd . I 1979 , de to virksomheder

besluttet at forene deres indsats og etablere en fælles opgave

kraft til at fuldføre udviklingen af teknologien. efter en

år , taskforcen producerede Red Book CD-standarden ,

som stadig følges i dag. Philips bidrog

generelle fremstillingsprocessen, baseret på den ældre

LaserDisc og audio modulationsteknik , mens

Sony bidrog fejl - korrektion algoritme.

Cd'en er ikke i alle kredse. den større

Amerikanske pladeselskaber - CBS, Warner , og RCA - ønskede

at holde sælger vinylplader. Men selv da , ikke alle ønskede vinyl. Den berømte dirigent Herbert

von Karajan var en stor fortaler for cd'en. han erklærede

hans støtte til det nye system og sammenlignet musik på

traditionelle poster til forældet gas belysning.

Den første test -cd blev presset af Polydor nær Hannover ,

Tyskland , og indeholdt Richard Strauss ' Eine Alpensinfonie

(An Alpine Symphony) , som spilles af Berliner Filharmonikerne

og udført af von Karajan . I august 1982 PolyGram

frigivet den første kommercielle CD - ABBA fra 1981 album -

Besøgende. Den 2. marts 1983 blev CD-afspillere udgivet i

USA og andre markeder.

CD kræves udvikling af en ny pakke

der ville beskytte sin følsomme overflade mod skader. det

også måttet holde et hæfte og være i stand til automatisk

forsamling. Teams på PolyGram i Tyskland og

Holland udtænkt en egnet tredelt pakke bestående

af plast (polystyren) . Prototypen var så fejlfri

at det var tilnavnet Jewel Case . Det er fortsat den

verdensstandard for CD-emballage .

I dag cd'er bruges til at gemme data samt musik. nyere

video-formater såsom DVD og Blu-ray også bruge

samme fysiske geometri som cd'en. Men med den seneste

populariteten af MP3-filer, er salget af cd'er er faldende.

STYROFOAM / thermocol

Polystyren er en hård og klar plast , der var et uheld

opdaget i 1839 af Eduard Simon , en apoteker i

Berlin. Han havde destilleret en olieagtig substans fra storax ,

harpiksen af den tyrkiske sweetgum træ , som han kaldte

styrol . Adskillige dage senere Simon fandt, at styrol havde

fortykket i en gelé. I 1866 , kemiker Marcelin Berthelot

opdagede, at denne ændring skyldes polymerisation af

styren, et flydende petrokemiske findes i storax og

stof blev kendt som polystyren.

I 1941 gummi var en mangelvare på grund af verden

War II og forskere i Dow selskabets Chemical

Fysik Lab forsøgte at udvikle en fleksibel, gummilignende

elektrisk isolator . En-dags teamleder Otis McIntire

forsøgt at kombinere styren med isobutylen , en flygtig

væske under pres . Til hans overraskelse isobutylenen

dannede små bobler i styren , hvilket skaber en ny

stof, der var 30 gange lettere og mere fleksibel end

fast polystyren. Det var også billigt og fugt

resistente. Denne ekstruderet polystyren blev hurtigt vedtaget

af den amerikanske Coast Guard til brug i en seks- mand redningsflåde . snart

mange andre krigstidens applikationer følges. Dow patenteret

materialet som Styrofoam i 1944 og introducerede det til

det civile marked i 1954. I dag er det først og fremmest bruges til isolering af bygninger og kunsthåndværk .

Når polystyren er udsat for en gasformig opskumningsmiddel

det danner en anden nyttig stof kaldet udvidet

polystyren (EPS) . EPS består af små opskummet polystyren

perler indeholder millioner af luftbobler. disse kan

formes til en stærk , let og termisk isolerende

fast stof, der kaldes også thermocol , et navn indført ved

Tysk kemisk virksomhed BASF i 1951.

I 1954 Koppers Company Inc. of Pittsburgh ,

Pennsylvania, udviklet EPS skum. I 1957 Voksede

Paper Company, Chicago, Illinois, indgav det første patent

for polystyren kopper. De hævdede, at deres metode

kunne gøre kopper, der kan holdes komfortabelt ' selv

selv kogende vand hældes i koppen. " Men det

var kun i 1970 , at Koppers Company introducerede

moderne skum kopper . Deres kopper havde tynde vægge , mindre end

to gange diameteren af perlerne og fremragende termisk

isoleringsevne. De blev hurtigt populær for varmt

drikkevarer. EPS takeout beholdere , picnic kølere, industrielle

emballering og andre anvendelser følges. imidlertid

da Styrofoam er et varemærkeregistreret stof primært anvendes

for bygningsisolering , strengt taget , er der ikke sådan

ting som en Styrofoam cup ! En EPS kop ville være en mere

nøjagtige navn.

Flip-flops / HAWAII chappals

Flip-flops er også kendt som zori (Japan), stropper

(Australien), jandals (New Zealand) , Hawai chappals (Indien

og Pakistan), og mange andre navne i hele

verden. Navnet flip-flop stammer fra lyden

disse sandaler gøre , mens du går .

Rem sandaler er blevet slidt i tusinder af år .

Billeder af dem forekommer i gamle egyptiske vægmalerier fra

4.000 f.Kr.. De ældste overlevende eksempler blev foretaget

fra Papyrus blade omkring 1.500 f.Kr. og er nu i

British Museum. Tidlig flip-flops var lavet af mange

materialer som papyrus og palmeblade (Ægypten), rå skjul

(Kenya), træ (Indien), ris halm (Kina og Japan) , sisal

blade (Sydamerika) og yucca-planten (Mexico) .

Flip-flops fra forskellige civilisationer havde også anderledes

positioner for tå rem. De gamle grækere placeret den

mellem første og andet tæer , romerne foretrak

den anden og tredje , mens Mesopotamians valgte

tredje og fjerde . Japanerne har været iført

zori sandaler i hvert fald siden den Heian periode (794-1185

AD) . Den moderne flip-flop blev introduceret i USA

Staterne, når soldaterne bragt tilbage zori med dem efter

World War II fra Japan som souvenirs. De blev virkelig populær i løbet af 1950'erne . Flip-flops var så

let at gøre , at de blev de første produkter, der skal

lanceret af mange japanske selskaber i løbet af deres post-

Krig økonomiske opsving. Mitsubishi købte mange af

disse virksomheder og blev en stor tidlig eksportør af flipflops .

De fleste tidlige flip-flops havde gummisåler og var

så dårligt lavet , at de forårsagede vabler og ikke sidste

meget længe. Til sidst japanske selskaber flyttet flipflop

produktion til Taiwan , Korea og derefter til Kina for at

reducere omkostningerne.

I dag , flip-flops , ligesom jeans , har udviklet sig fra deres billige ,

arbejderkvarterer oprindelse i hverdagsbrug og til tider

selv i high fashion. Nogle koste så lidt som $ 1, mens

andre besat med Swarovski krystaller koste $ 150 eller mere .

I 2011 , mens ferie i Hawaii, Barack Obama

blev den første amerikanske præsident til at blive fotograteret

iført flip-flops . Dalai Lama også lide flip-flops

og ofte bærer dem til formelle lejligheder .

Vidste du?

Det enkle design af flip-flops er ansvarlig for mange fod

og nedre ben. I 2010 , i Det Forenede Kongerige,

så mange som 200.000 mennesker gik på hospitalet med flip-flop

relaterede skader . Disse skader koste British National

Health Service £ 40.000.000 .

PLYWOOD

" Krydsfiner, " forklarede Popular Science i 1948, "er en

layercake af tømmer og lim . Den består af tynde lag ,

mindre end 3 mm tykke, og af billige træ , der er limet

sammen med tilstødende lag have deres korn til højre

vinkler til hinanden. En sådan cross åretegning er meget vigtig

for at øge styrken og holdbarheden af krydsfiner .

Egypterne opfandt en form for krydsfiner omkring 3500

BC . Under en træ mangel , begyndte de indsætte tynde lag

dyre træ oven på billigere paneler. Med 1000 e.Kr.,

kineserne barbering træ og lime det sammen til

lave møbler. Den engelske, franske og russerne også

forstået det generelle princip om krydsfiner af den 17.

og 18. århundrede. Tidlig krydsfiner blev typisk fremstillet af

dekorative hårdttræ og anvendes til møbler .

Det første patent på moderne krydsfiner blev udstedt i 1865

til John K. Mayo i New York City . Mayo forstod

princippet om cross åretegning , men han har aldrig kommercialiseret

hans opfindelse.

I 1905 Portland Manufacturing Company , en lille

træ -box fabrik i Portland, Oregon , begyndte at

fremstilling af krydsfiner fra en række nåletræ som lokale douglasgran . De brugte pensler som lim

spredere og hus stikkene som presser og skabt flere

paneler til visning på Portland Verdensudstillingen samme år.

Der er de tiltrak sig megen interesse og en industri var

født. Indtil omkring 1919 blev krydsfiner også kendt som målestok

bord, indsatte træ , og bebyggede træ.

Mangel på en vandtæt lim stadig lavet af krydsfiner

uegnet til udendørs brug på lang sigt. Det var ikke før

1934 , at Dr. James Nevin , en kemiker på Harbor Krydsfiner

Corporation i Aberdeen , Washington, udviklet en

vandtæt klæbemiddel. Ved slutningen af 1930'erne , efter

omfattende markedsføring , krydsfiner blev betragtet som en stærk

og holdbart materiale til at bygge huse. verdenskrig

II så det bliver sat til mange andre anvendelser - kasser, hytter ,

kaserner, torpedobåde , svævefly, og redningsbåde bliver nogle

af dem. Industrien har holdt voksende siden da.

I 1982 Kitply Industries Limited pioner i brugen af

vandfast krydsfiner i Indien. I dag er materialet ofte

blot kaldet kitply . Men før det, så tidligt som i 1906 , Indien

var allerede begyndt at importere krydsfiner. to krydsfiner

fabrikker blev startet i Assam i 1923-1924 , hovedsagelig til

te kister . Industrien ekspanderede hurtigt under

Anden Verdenskrig og krydsfiner fabrikker anvender indisk træ

blev sat op over hele landet .

Elektriske ventilatorer

En ingeniør fra New Orleans opkaldt Schuyler Wheeler

opfandt den første elektrisk ventilator imellem 1882 og 1886.

Det havde to blade fastgjort til en elektrisk motor , men ingen

beskyttende bur . Crocker & Curtis Electric Motor

Firma kommercielt markedsført dette produkt .

Tysk-amerikanske opfinder Philip H. Diehl introduceret

den elektriske loft fan. Diehl var en tysk immigrant

som arbejdede for Singer Sewing Machine Company . i

1882 han monteret en fan blad på en symaskine motor

og fastgjort den til loftet, således at opfinde loftet

ventilator, som han patenterede i 1887. Senere, som leder af Diehl

og Co , tilføjede han et lysarmatur til loftet fan. I 1904 ,

tilføjede han en split- kugleled , som tillod retningen af

luftstrøm , der skal ændres ; tre år senere , blev dette den

først oscillerende fan.

Tidlige elektriske ventilatorer var ganske dyre og var

kun bruges i store kontorer eller velhavende hjem. den første

overkommelige fans blev foretaget fra omkring slutningen af 1890'erne til

begyndelsen af 1920'erne . De fleste af dem havde messing knive og bure.

Imidlertid blev de bure egentlig ikke er beregnet til at beskytte

brugeren, men de dyre ventilatorvinger . I virkeligheden er de ofte

havde åbninger stor nok for børn at lægge deres hænder indeni , hvilket fører til mange skader .

Verdenskrig resulterede i en mangel på messing , der var

nødvendig for ammunition , så fan producenter skiftede

til stål bure. General Electric indført fans med

overlappende aluminium knive, der kørte meget mere

stille, i slutningen af 1920'erne . Emerson introducerede smukke

endnu funktionelle Silver Swan fan i 1932. Dens art deco design

brugte aluminium klinger , men er baseret på form af en

yacht propel . Denne svane fan var en stor succes, og

sandsynligvis hjalp Emerson overleve den Store Depression.

Den stigende popularitet af klimaanlæg i løbet af

1950'erne faldt efterspørgslen efter el- fans, og

fabrikanter reagerede ved at reducere omkostningerne på bekostning

af kvalitet.

I 1998 amerikanske Walter K. Boyd opfandt highvolume

lav hastighed (HVLS) loft fan. Boyd var

at udvikle et system til at køle malkekvæg , som producerer

mindre mælk , når de er overophedet . Han skabte en stor

elektrisk ventilator, der brugte 10 aluminium klinger og havde en

diameter på 8 fod . Det flyttede sig langsomt, men var meget energieffektiv

og ikke sparke op støv. I dag HVLS fans er

i vid udstrækning anvendes i industrielle lagerbygninger , fabrikker og

indkøbscentre til at reducere opvarmning og afkøling omkostninger.

CONFETTI

Konfetti er ofte smidt på parader , fester og

bryllupper. Det er normalt lavet af mange små stykker

af papir, Mylar eller metallisk materiale. Det fås

i en række forskellige farver og former som stjerner og

snefnug.

Det engelske ord konfetti er relateret til den italienske

konfekture af samme navn , som var en lille sød

traditionelt kastet under karnevaler . De kan have

blevet opfundet i byen Sulmona , L'Aquila -provinsen,

Det centrale Italien , i det 15. århundrede, hvor de fortsætter

skal fremstilles og sælges selv i dag. også kendt

som dragée , Jordan mandler , eller sukkersød mandler , italiensk

Confetti består af mandler eller andre nødder dækket med en

lag af hårdt sukker. Navnet stammer fra det italienske

Ordet confit , som i confiture , hvilket betyder frugt bevare eller marmelade .

Det italienske ord for papir konfetti er coriandoli , hvilket betyder,

koriander , hvilket kan betyde, at oprindeligt slik

indeholdt korianderfrø snarere end mandler.

Traditionen tro er italiensk konfetti lavet i forskellige farver og

givet ud til gæster på festlige dage , ofte pakket ind i

små poser af letvægts netting (tyl) . der er

traditionelle betydninger henføres til farver, blå eller lyserød til dåb , rød til fødselsdage og gradueringer , grøn for

forlovelser , hvid til bryllupper og en bred vifte af farver

til jubilæer . Ved et bryllup , er de siges at repræsentere

håb om, at det nye par vil have en frugtbar ægteskab.

Briterne vedtaget konfetti til bryllupper , forskyde

traditionelle ris , blade eller blomster i slutningen af det 19.

århundrede , ved hjælp af symbolske stumper og stykker af farvet papir i stedet

end reelle slik. En 1885 nummer af Scientific American

magasin indspillede stumper af farvet papir smides

over mennesker i Paris på nytårsaften 1881 . Ved begyndelsen af

1900'erne, blev papir konfetti fremstillet og solgt maskine

hele verden . Cascarones , konfetti fyldt æggeskaller

beregnet til at blive brudt over hovedet af en ven , var

udviklet i Mexico i løbet af det 19. århundrede, hvor de

er blevet populært i ferie festligheder såsom

Påske, Cinco de Mayo , og Carnival.

Naturlig kronblad konfetti , lavet af frysetørret blomst

kronblade , er for nylig blevet populær ved bryllupper .

Vidste du?

Konfetti har en notering i Guinness Book of World

Records . Casey Larrain of California har den største

samling af konfetti med nogle 1.700 unikke former ;

herunder konfetti formet som hotdogs, Elvis Presley ,

feer , pirater , hårtørrer , neglelak og læbestift.

PAP

Ordet pap har været i brug siden så længe tilbage

som 1683 , hvor det blev sagt , 'De skeder nævnt i

trykkerens grammatikker i sidste århundrede var af pap

eller pap ' . De første kommercielle papæsker

blev produceret i England i 1817 . Disse blev foretaget

fra tunge papir, som blev foldet og skæres i

form af en boks.

Bølgepap eller plisseret papir er stærkere end normalt

papir. Den blev patenteret i England i 1856 af Healey og

Allen og oprindelig blev populær som en liner til høj pels

hatte. Det var ikke før 1871 at enkeltsidet bølgepap

bestyrelser blev patenteret og anvendt til forsendelse. patentet

blev udstedt til Albert L. Jones i New York City , der brugte

det for emballering af flasker og glas lanterne skorstene.

G. Smyth byggede den første maskine til at masseproducere

bølgepap i 1874. I samme år , Oliver Lang

forbedret Jones design ved at opfinde moderne

dobbeltsidet bølgepap. I 1884 svenske kemiker

Carl F. Dahl fandt, at papirmasse fra nåletræ træer ,

såsom fyr kan bruges til at skabe hård kraftpapir .

Dag bølgepap er fremstillet ved krympning

lag af kraftpapir i en gentagelse ' s' form kaldes korrugerende medium eller fluting . Flere lag af kraftpapir ,

kaldet liners , limes derefter på begge sider af fluting .

Skotsk -fødte Robert Gair , en printer og papir - pose maker

i Brooklyn , New York, opfandt pre -cut karton eller

pap kasse i 1890. Gair opfindelse var en ulykke.

En dag han var ved at udskrive en ordre af frø poser, når en

metal lineal normalt anvendes til at krølle poser forskudt i

position og skær dem i stedet. Snart Gair opdagede, at

han kunne gøre billig præfabrikerede pap

bokse ved at klippe og folder dem i én arbejdsgang.

GAIR gjaldt også hans idé til bølgepap kassepap når

den blev tilgængelig i løbet af det tidlige 20. århundrede . snart

pap skibsfart kartoner erstattede træ

kasser og bokse. Dette sænkede samlede vægt af

forsendelse og i sidste ende forsendelsesomkostninger. Kellogg

Selskabet banebrydende brug af papkasser som

korn kartoner og Kieckhefer Container Company of

Chicago udviklede papir mælkekartoner .

Berømte canadisk- amerikanske arkitekt Frank Gehry

introduceret Easy Edges pap møbler til design

verden mellem 1969 og 1973. Flere virksomheder nu

lave og sælge pap borde, stole og borde , der kan

støtter tusindvis af pounds .

STØVSUGERE

Mange mennesker udviklet støvsugeren. der var

flere hånd -drevne tæppefejemaskiner patenteret under

19. århundrede. I 1899 John Thurman i St. Louis, Missouri,

udformet et tæppe Renovator drevet af trykluft.

Men Thurman maskine var ikke en støvsuger ;

det blæste støv i en beholder, snarere end at sutte det i.

Engelsk ingeniør Hubert Booth har den stærkeste fordring

at opfinde den motoriserede støvsuger . I 1901 han

deltog " en demonstration af en amerikansk maskine ved sin

opfinder "(muligvis Thurman) på Empire Music Hall

i London. Booth oplevede enheden slag støv stole

og troede, det ville være meget bedre, hvis det suges støvet

i stedet. Han skabte en stor enhed , med tilnavnet Puffing

Billy, som oprindeligt blev drevet af en olie motor og

senere af en elektrisk motor. Vakuumpumpen og motor

blev anbragt i en hestetrukken vogn, hvorfra en lang

slange snaked ind i huset. Booth startede Britisk

Vacuum Rengøring Company (BVCC) og forfinet sin

opfindelse i løbet af de næste par årtier. støvsugning

var sådan en nyhed , at samfundets damer i England inviterede

deres venner over for vakuum parter !

I 1907 James Spangler , en pedel fra Canton, Ohio , opfandt den første praktiske, bærbare elektriske vakuum

renere. Spangler forsøgte at forbedre det gamle tæppe

fejemaskine , han brugte på arbejde. Han puslede med en gammel elektrisk

blæsermotoren , der er knyttet den til en søndagstaler hæftet til en kost

håndtere, og brugte et pudebetræk som støvsamler . han

derefter begyndte en virksomhed at sælge sin opfindelse, men snart solgt

det til forretningsmanden William Hoover . Hoover redesignet

Spangler maskine og lancerede Model O i 1908.

Innovativ markedsføring , herunder 10 -dages gratis hjem forsøg

og dør-til- dør sælgere , gjorde snart Hoover

Company meget vellykket. I Storbritannien navn Hoover

blev synonym med støvsugeren. selv

dag , en hoovers ens tæpper. Andre producenter , sådan

som Eureka og Electrolux, begyndte at konkurrere med Hoover .

Mellem 1978 og 1993 britiske industrielle designer James

Dyson bygget 5000 prototyper , før han perfektioneret sin poseløse

støvsuger, der byggede på princippet

af cyklon adskillelse. Ingen producent eller distributør

ville håndtere Dysons Dual Cyclone , da det ville forstyrre

værdifulde marked for udskiftning støvsugerposer . han

til sidst besluttede at sælge produktet selv gennem

kataloger og det blev den hurtigst sælgende vakuum

renere nogensinde er lavet. I maj 2001 Dyson havde 52 procent af

markedet efter værdi . For nylig, robotstøvsugere ,

såsom iRobots Roomba , også er blevet populære .

LOCKS

Historikere er usikker på hvor og hvornår den første lås var

opfundet. En værgede lås bruger et sæt af afdelinger (forhindringer)

som forhindrer låsen i at dreje . Den korrekte nøgle har

indhak der matcher de afdelinger , gør det muligt at dreje frit .

Denne mekanisme blev formentlig opfundet af romerne

og er stadig bruges i dag . , Er det imidlertid ikke sikkert, da

afdelingerne kan omgås med en hovednøgle , hvor

fleste hak er blevet fjernet.

De fleste andre låse indeholder tumblere , der skal flyttes

af nøglen til at åbne dem. Et eksempel er tilholderstift

lås, som indeholder et sæt af stifter i forskellige længder,

hindrer bolten. Den rigtige nøgle løfter benene , så

bolt til at dreje. Egypterne vidste dette grundlæggende princip ved

2000 f.Kr. . Amerikansk låsesmed Linus Yale Sr opfandt

moderne cylindrisk pin tumbler lås i 1848. Hans søn , Yale,

Jr., indført en mindre, flad nøgle i 1861 med savtakket

kanter, der kunne gøres i tusindvis af varianter ,

dermed forbedre sikkerheden. Han udviklede også moderne

kombination lås i 1862.

Engelsk låsesmed Joseph Bramah patenteret Bramah

cylindrisk sikkerhedslås i 1784 . Dens sofistikerede

mekanisme, der anvendes seks metalplader som tumblere . I 1790 Bramah viste en udfordring Lock i sit butiksvindue ,

monteret på et bræt, der læses :

Kunstneren , der kan gøre et instrument , der vil samle eller åbne

denne lås modtager 200 guineas det øjeblik den er produceret.

Denne lås blev anset dirkefri i 67 år , indtil

Amerikansk låsesmed Alfred Hobbs åbnede den og var

tildelt prisen . Hobbs ' forsøg krævede 51 timer ,

fordelt over 16 dage.

Lever tumbler låse bruge et sæt af løftestænger , ofte fem eller syv

af dem , som tumblere . De blev opfundet i Europa i

det 17. århundrede. Robert Barron England patenteret en

dobbeltvirkende -version i 1778 , der krævede håndtagene

at blive løftet til en bestemt højde for at åbne låsen , således

forbedring af sikkerheden . Det er stadig bruges i dag, især

tor pengeskabe og fængsler. Jeremlah Chubb of Portsmouth,

England, opfundet en detektor lås i 1818 . Dette håndtag

tilholderlås havde et vigtigt sikkerhedselement : det fastklemte

når nogen har forsøgt at manipulere med det.

Disken tilholderlås blev opfundet af Emil Henriksson

i 1907. Den har slidsede roterende skiver , der fungerer som tumblere .

Mekanismen er holdbare og kan ikke være stødte , dvs

åbnes med en speciel bump nøgle , i modsætning tilholderstift låse.

For nylig elektroniske låse er også blevet populært.

FJERNBETJENING

Berømte serbisk -amerikanske opfinder Nikola Tesla

udviklet en af de tidligste eksempler på moderne

fjernbetjening. I 1898 viste han et radiostyret

båd under en udstilling på Madison Square

Have , New York. Kort efter spansk ingeniør

Leonardo Torres - Quevedo udviklet en trådløs fjernbetjening

styresystem han kaldte Telekino . I 1906 , Torres

bekæmpet med held en motordrevet båd i Bilbao

havnen fra kysten, over en kilometer væk , i overværelse

for kongen af Spanien og mange andre.

Den første tv- fjernbetjening blev udviklet i 1950 af den

Zenith Electronics Corp of Chicago. Zenith præsident

ønskede at udvikle en enhed til " tune irriterende

reklamer ' . Deres første fjernbetjening, kaldet Lazy Bones , var

sluttet til tv'et med en wire , men der forårsagede hyppige

snuble. Zenith derefter udviklet en trådløs fjernbetjening ,

Den Flashmatic . Det virkede ved skinner en stråle af lys på en

TV er udstyret med fire fotoceller . Men de fleste mennesker

glemte hvilken celle gjorde hvad , og de blev ofte udløst

af andre lyskilder.

I 1956 , østrigsk- amerikanske opfinder Dr. Robert Adler

udviklet Zenith Space Command at løse disse problemer . Han brugte ultralyd til at sende signaler til tv'et.

Hans oprindelige model var mekanisk fire aluminiumsstænger

genereret ultralyd toner. Processen frembragte en

hørbart klik , når en blev trykket på knappen , hvorfra

kommer den moderne udtryk klikkeren.

De første Space Command enheder var dyre, fordi

deres modtagere brugt seks vakuumrør , hæve prisen på

et tv med tredive procent . I begyndelsen af 1960'erne , fjernbetjeninger begyndte

ved hjælp af transistorer og blev billigere og mindre. Zenith

begyndte at skabe små batteridrevne fjernbetjeninger

at der anvendes piezoelektriske krystaller i stedet for aluminium

stænger, til at generere ultralyd . Ultrasonic fjernbetjeninger

baseret på Adlers design forblev populær for de næste 25

år. Men de var langtfra perfekt. Alle naturligt

forekommende støj kan udløse modtageren ved et uheld og

kæledyr kunne høre ultralydsignaler . I 1980 , et canadisk

selskab ved navn Viewstar lanceret en fjernbetjening

at brugt infrarød stedet for ultralyd. Disse var en

øjeblikkelig succes og infrarøde fjernbetjeninger fra Viewstar ,

Zenith , og andre selskaber begyndte snart at dominere

marked.

Ved begyndelsen af 2000'erne , de fleste hjem havde et stort antal

elektroniske enheder , hver med en fjernbetjening . Nu er der endda

et fjernstyret toilet, Kohler C3 !

modermælkserstatning

Det er et ubestrideligt faktum , at modermælk er den bedste mad

til spædbørn. I tidligere tider, kvinder, der var i stand til at

amme deres babyer bruges til at stole på andre som våd

sygeplejersker til at brødføde dem modermælk . Men i løbet af

19. århundrede, begyndte folk at fodre babyer mælk fra

køer, geder, heste, og selv æsler . Komælk var

de mest almindelige.

Men sådanne flaske fodret babyer var mindre sunde end

ammede dem og led af dehydrering og ked

maver . I 1838 , den tyske videnskabsmand Johann Franz Simon

fandt, at komælk var meget højere i protein, men

lavere i kulhydrater end modermælk. læger derefter

foreslog, at mødre tilsættes vand , sukker og fløde

at gøre det mere som modermælk.

Den første egentlige modermælkserstatning blev udviklet i 1860 af

Tysk videnskabsmand Justus von Leibig . Leibig s Opløselig Infant

Fødevarer var en pulveriseret blanding af hvedemel, dehydreret

komælk , malt mel , og kaliumbicarbonat som

skulle blandes med varm komælk. Nestlé

Company of Switzerland snart kom op med deres egen

formel, der var magen til Leibig s, men billigere. I 1919 , en ny modermælkserstatning kaldet SMA (Synthetic

Mælk Tilpasning) blev udviklet af SMA Ernæring

Michigan. Den erstattede mælkefedt med animalsk og vegetabilsk fedtstoffer og endda indeholdt levertran . Et par år senere

Nestlé introduceret lactogen , konstrueret af vegetabilsk

olie , som en konkurrent til SMA.

I midten af 1920'erne blev formel gigant Similac startede i

Boston, Massachusetts. Deres formel indeholdt en blanding

komælk , vegetabilsk olie , calcium og fosfor

salt. Det fik sit navn, fordi det var angiveligt så ens

til amning . Alligevel var der ikke mange mennesker, der brugte

modermælkserstatning på grund af dens høje omkostninger. I 1883 , John B.

Myenberg opfundet en fremgangsmåde til fjernelse af sukker fra

inddampet mælk. Andre derefter tilsættes komælk , majs

sirup og vand for at skabe en billig, sukker-fri

modermælkserstatning , der var let at fordøje. Spædbørn, der er fodret med

det voksede lige så godt som ammede børn og 1930'erne,

modermælkserstatning var ved at blive meget populære.

I slutningen af 1950'erne , Similac begyndte at tilføje jern , fordi

formel- fodret babyer tendens være jern - mangelfuld i forhold

ammeperioden . Siden 1970'erne , mange andre

forbedringer er foretaget til modermælkserstatning til at give

den så mange fordele ved modermælk som muligt .

Q-tip

Vatpinde , vatpinde eller ørepropper består af en lille

vat viklet omkring én eller begge ender af en kort

stang , som regel lavet af enten træ, rullet papir eller plast.

Polsk -fødte amerikanske Leo Gerstenzang , der boede i New

York, opfandt vatpind i 1920'erne. upon

observere hans kone anvender vælter sig i bomuld til tandstikkere

i et forsøg på at nå svære at clean områder Gerstenzang ,

der var den oprindelige grundlægger af Q-tips Company,

fik den idé at fremstille et enkelt stykke er klar til brug

vatpind . I 1923 grundlagde han Leo Gerstenzang

Infant nyhed Co , et firma der markedsførte babypleje

tilbehør. Hans produkt, som han hedder Baby Bøsser og

senere Q-tips Baby Gays , gik på at blive den mest udbredte

solgte mærkenavn Q- tips, hvor Q stået for kvalitet .

Oprindelsen af navnet Baby Bøsser er ikke klart.

I 1958 Q-tip Company købt Papir Sticks

Ltd England , en producent af papir pinde til

konfekture handel. Dens maskiner blev efterfølgende

bragt til USA og anvendes til fremstilling af Q-tip

Papir Applicator vatpinde . Dette gjorde Q-tips til rådighed

i både træ og papir stick sorter. træstave

til sidst blev indstillet i 1980'erne. antimikrobiel

Q- tip blev lanceret i 1998 . De seneste bestræbelser har fokuseret på at gøre produktet mere miljøvenlige,

såsom at ændre plast, der anvendes til stokken til PET

(polyethylenterephthalat), der også anvendes til

gør sodavandsflasker . I november 2011 disse nye

Q-tip blev bekræftet at være biologisk nedbrydeligt .

Udtrykket Q-tip er ofte brugt som en generisk betegnelse for bomuld

podninger . I dag , næsten 26 mia Q-tips vatpinde

produceres hvert år . Men de er ikke længere anvendes

udelukkende er til babyer . Folk bruger dem til at anvende lim

på håndværk projekter , rense ud elektroniske enheder , fjernes

fyldes op , rene computertastaturer og andre hard- toreach

steder , fjerne snavs og andet fra deres hunde ' og

kattes ydre ører , støv samleobjekter, anvender salver , maling

modeller, og meget mere.

Vidste du?

Anvendelsen af vatpinde til at rense øregangen er forbundet

med ingen medicinske fordele og udgør klare risici . det kan

forårsage otitis externa , også kendt som svømmer øre , en

betændelse i det ydre øre og øregangen , der resulterer

i ørepine . Det er også en af de mest almindelige årsager til

perforeret trommehinden, der til tider kræver operation

at korrigere.

tandtråd

Tandtråd er fremstillet af enten et bundt af tynde nylon

filamenter eller plast såsom teflon eller polyethylen, eller en silke bånd , og bruges til at fjerne mad og plak

fra tænder. Det kan være aromatiseret eller unflavored , voks

eller voksbehandlet . Tandlæger enige om, at tandtråd udover

tandbørstning reducerer tandkødsbetændelse , som er en tandkødssygdomme

ofte forårsaget af opbygning af plak i forhold til tanden

børstning alene.

Levi Spear Parmly , en tandlæge fra New Orleans, er

krediteret med at opfinde den første form for tandtråd .

Han anbefalede , at folk bør rense deres tænder

med en tynd silketråd , i en bog , en praktisk guide til

Forvaltning af tænder, der er offentliggjort i 1819 . Dog

tandtråd var utilgængelig for forbrugeren , indtil

Codman og Shurtleft Company , der er baseret i Randolph,

Massachusetts, begyndte at producere og markedsføring humanusable

unwaxed silke floss i 1882. Dette blev fulgt i

1896 af den første tandtråd fra Johnson & Johnson

Corporation , der startede en virksomhed , der fortsætter selv

dag. The New Jersey -baserede selskab modtog den første

patent for tandtråd i 1898. Deres produkt blev gjort

fra samme silke materiale, der anvendes af læger til syning

sår. Andre tidlige brands indgår Røde Kors , Salter Sill Co , og Brunswick.

Tandtråd er blevet nævnt i skønlitteratur siden

tidlige 20. århundrede. For eksempel er et tegn afbildet

bruge tandtråd i James Joyces berømte roman Ulysses .

Men floss blev ikke udbredt før Anden Verdenskrig . omkring

denne gang , Amerikansk Dr. Charles C. Bass udviklet nylon

tandtråd , sandsynligvis fordi japanerne havde afbrød

USAs forsyning af silke. Han fandt, at nylon tandtråd var bedre

end silke grund af dets større slidbestandighed og

elasticitet. Efter dette , tandtråd blev hurtigt meget populær i

USA. Anvendelsen af nylon også tilladt til udvikling

af vokset tandtråd i 1940'erne og dental tape i 1950'erne.

Bass også artikuleret og fremmet Bass Teknik

Tandbørstning . På grund af dette, er han undertiden benævnt

til som far til forebyggende tandpleje .

Siden da sorten i tandtråd produkter har

udvidet til at omfatte nyere materialer som Gore-Tex ,

og forskellige teksturer som svampet tandtråd og blød tandtråd .

Som reaktion på miljøhensyn , tandtråd lavet af

biologisk nedbrydelige materialer er også tilgængelig. andre nye

produkter omfatter floss med stivnede ender , hvilket er

designet til at gøre brug af tandtråd nemmere for dem med seler eller

andre tandlægeudstyr .

briller

De tidligste tegn på optisk forstørrelse daterer sig tilbage

til det gamle Egypten . Nogle ægyptiske hieroglyffer fra

5. århundrede f.Kr. skildrer enkle glas linser . under

1. århundrede e.Kr. , Seneca den Yngre , en tutor af kejser

Nero i Rom, skrev: ' Breve , uanset hvor lille og

utydelig , ses udvidet og mere tydeligt gennem en

globus eller glas fyldt med vand '.

Anvendelsen af konvekse linser til at danne forstørrede billeder er

diskuteret i arabiske videnskabsmand Alhazen bog af Optik skrevet

i 1021 . oversættelse til latin i det 12. århundrede var

medvirkende til opfindelsen af briller i Italien omkring

1286 . Tidlige briller var håndholdt og dannet af to

konvekse stykker glas eller krystal . Hver var omgivet af

en ramme med et håndtag forbundet med en nitte . de tidligste

billedlig beviser er Tommaso da Modena 1352 portræt

af kardinal Hugh de Provence.

Ved udgangen af det 14. århundrede, tusindvis af briller

blev eksporteret fra land til land i hele

Europa. Hertugerne af Milano bestilt prestigefyldte

Florentinske briller i hundredvis til at give væk som

gaver til hoffolk , og optikere producerede både konvekse og

konkave linser af forskellige styrker i store mængder. Men det var først i 1604 , at videnskabsmanden Johannes Kepler offentliggjort

den første rigtige forklaring på, hvordan konvekse og konkave

objektiver korrigeret langt og nærsynethed (presbyopi

og nærsynethed , henholdsvis). Den amerikanske polyhistor ,

Benjamin Franklin , der led af både nærsynethed og

presbyopi , opfundet bifocals i 1780'erne . irriteret på

skulle hele tiden skifte briller , skåret Franklin hans

læsebriller i halve og smeltet dem med sin distance

briller . I maj 1785 skrev han : »Hvad jeg bære mine egne briller

konstant , jeg har kun at flytte mine øjne op eller ned , da jeg

ønsker tydeligt langt eller tæt på for at se , de rigtige briller bliver

altid klar . " De første linser for at korrigere bygningsfejl

blev bygget af den britiske astronom George Airy

i 1825 .

Tidlige okularer blev enten håndholdt eller pincenez , som

er fastsat på næsen ved tryk. Moderne rammer havde

er udviklet af 1727 , eventuelt ved den britiske optiker

Edward Scarlett , men var ikke en succes indtil begyndelsen

19. århundrede.

I det tidlige 20. århundrede, Zeiss udviklede Punktal

sfæriske punkt - fokus linser , der dominerede monokel

linser i mange år. I dag , langvarige brillestel

fremstillet af form - metallegeringer er bredt tilgængelige . disse

rammer vende tilbage til deres korrekte form efter at være bøjet.

HØREAPPARATER

De første tegn på et høreapparat er i en bog med titlen

Magiae Naturalis (Natural Magic), offentliggjort i 1588 .

I dette bind, italiensk forfatter Giovanni Battista Porta

diskuterer træ høreapparater hugget i formerne af

ører tilhører dyr med god hørelse , såsom

katte. I løbet af 1600-tallet og 1700-tallet, høreapparatbrugere trompeter

var populære . De var bred ved den ene ende at samle lyd,

smal i den anden ende til at lede forstærket lyd ind i

øre , og lavet af animalsk horn , muslingeskal , glas og senere

kobber og messing. Ludwig van Beethoven var en bemærkelsesværdig

bruger af høreapparat trompeter.

I løbet af 1700-tallet, blev benledning opdaget. det

proces sender lyd vibrationer direkte gennem

kraniet til hjernen. Små vifteformede enheder blev placeret

bag ørerne til at indsamle lydbølger og lede dem

gennem de små knogler bag øret. Den første fullscale

producent af høreapparater var Frederick Rein af

London i 1800. Han producerede hørerør , høre fans,

og samtale rør.

I løbet af det 19. århundrede, skjulte eller usynlige høreapparater

blev populær. De blev dekorative tilbehør ,

integreret i sofaer , kraver , frisurer og tøj . Nogle forsøgte at skjule dem i fuldskæg . Medlemmer af

royalty havde endda høreapparater indbygget i deres troner ,

med specielle rør indbygget i armlænene til at indsamle

stemmerne fra knælende fag. Disse blev kanaliseret ind

en særlig echo kammer og forstærkes, før nye

fra åbninger nær monark hoved.

De første elektroniske høreapparater blev bygget efter

Alexander Graham Bell opfandt telefonen i 1876.

Bell elektronisk forstærkede lyd i hans telefon ved brug

en kulstof mikrofon og batteri. Dette koncept var

vedtaget af høreapparatproducenter . Et af de første

dokumenterede bærbare høreapparater var JC Chester

fra Montana. Disse høreapparater var besværlige

kasser med synlige ledninger og den tunge batteri

varede kun nogle få timer. I 1899 Miller Reese Hutchison

af Akouphone Company patenterede den første praktiske

elektrisk høreapparat ved hjælp af en carbon- senderen og

batteri. Det var så stort, at det måtte sidde på et bord.

Videreudvikling af høreapparater har fokuseret på

miniaturisering , først med brugen af vakuumrør ,

så transistorer , og endelig integrerede kredsløb . Zenith

lanceret den første al transistor høreapparat i 1952. dag

programmerbare all digital høreapparater er små nok

til at passe komfortabelt bag øret.

NEGLELAK & REMOVER

Farvning af negle går helt tilbage til oldtidens Kina

og Japan. De gamle egyptere også farves negle med

henna , mens inkaerne dekorerede deres fingernegle med

billeder af ørne. Europæiske portrætter fra det 17.

og 18. århundrede skildrer skinnende , polerede negle. ved

begyndelsen af det 19. århundrede blev negle bliver tonet

med duftende røde olier og derefter poleret eller buffed med

et vaskeskind klud , snarere end blot poleret. europæisk

og amerikanske kogebøger i det 19. århundrede havde endda

retninger for at gøre søm maling . Så i det 19. og

tidlige 20. århundrede , søm gik tilbage til at blive poleret

snarere end malet. Folk masseres tonede pulvere og

cremer i deres negle og derefter poleret dem skinnende.

The Northam Warren Company i Stamford, Connecticut,

lanceret Cutex i 1911. Dette produkt var en neglebånd ekstrakt,

derfor navnet cut -ex . Cutex producerede den første søm nuancer

i 1914. I 1917 indførte de første farvede væske

neglelak ved at tilpasse autolak finish. Af 1925

flydende neglelak domineret markedet . I 1928 Cutex

introduceret en acetone -baserede remover, der var sikkert for

brug i hjemmet og øget salg af neglelak blandt

unge kvinder. Charles Revson , hans bror Martin

Revson , og en kemiker navne Charles Lachman startede Charles Revson Company i New York. arbejde

for dem var en fransk make-up artist kaldet Michelle

Menard . Menard var inspireret af emaljen , der anvendes til

male biler og spekulerede på, om de samme teknikker kunne

bruges til at skabe langvarig neglelak. Grundlæggerne af

selskabet mente, at dette produkt havde potentiale, og

etablere en fabrik til fremstilling det. Virksomheden omdøbt selv Revlon , hvor ' L' stod for Lachman , og begyndte

sælge den første moderne neglelak i 1932 gennem skønhed

og hår saloner . Senere indføres de læbestifter at matche

neglelak og med 1937 begyndte at sælge deres produkter

gennem afdelingen og kiosker. Både Cutex og

Revlon fortsat store brands i dag .

Den mest almindelige type af neglelakfjerner dag stadig

bruger acetone, der er kraftfuld og effektiv, men barske

på hud og negle. Det kan også bruges til at fjerne kunstige

søm, der er som regel lavet af akryl . den fælles

alternativ er simpelthen kaldes ikke- acetone neglelak

remover og indeholder sædvanligvis ethylacetat. Dette er en mindre

aggressiv opløsningsmiddel og kan derfor anvendes til at fjerne søm

polish fra kunstige negle . De sundhedsmæssige betænkeligheder forbundet

med disse flyttefirma har ført til den nylige indførelse af

fuldt naturlige og biologisk nedbrydelige produkter .

SPRØJTER

Ordet sprøjten er afledt af det græske ord συριγξ

(Syrinx) betyder rør. Den ældste kendte anvendelse af sprøjter

var i Indien , hvor de store sprøjter stadig bruges til sprøjte

farvet vand under den hinduistiske festival af Holi . den

første stempel sprøjter til medicinsk brug , ligesom nasal sprøjter, blev udviklet i romertiden. I det 9. århundrede e.Kr.,

den irakiske / egyptiske kirurg Ammar ibn ' Ali- Mawsili '

skabt en sprøjte ved hjælp af et hult (hypodermisk) nål, en

hult glasrør , og sug til at fjerne grå stær fra

patienternes øjne. I 1844 , irsk læge Francis Rynd

genopfundet den hule nål og brugte det til at gøre

første registrerede subkutane injektioner .

Den første sprøjte patenter af John og Frederick Weiss var

taget ud i 1824 og 1851 hhv . Alexander Wood,

en skotsk læge , opfandt den medicinske subkutan

sprøjten i 1853. Det kombinerede en metal sprøjte med en

hule spids nål fint nok til at gennembore huden

uden at skære en åbning. Dr. Wood arbejde viste

at injektionssprøjter var nyttige i medicin.

Omkring samme tid , Charles Pravaz , en kirurg fra

Lyon, Frankrig , uafhængigt udviklet en lignende anordning

der blev populær som den Pravaz sprøjten. Det havde et stempel drevet af en skrue , så han kunne administrere præcise doseringer .

En anden fransk kirurg , LJ Béhier gjorde Pravaz s

opfindelse er kendt i hele Europa.

BD eller Becton , Dickinson and Company , en medicinsk

investeringsselskab , blev dannet i 1897. I oktober samme

år , de solgte deres første Luer alle glas subkutan

sprøjte. Ved slutningen af 1800-tallet, sådanne sprøjter var bredt

til rådighed, men der var ikke mange injicerbare lægemidler på

marked. Så, i 1921 blev insulin opdaget. Det havde til

injiceres direkte ind i blodbanen , og dette skabte

et nyt marked for kanyler . B.D. begyndte at sælge

en insulinsprøjte for diabetikere i 1924.

I 1946 Chance Brothers of Birmingham, England,

producerede den første all - glas sprøjte med udskiftelige

tønde og stempel , hvilket forenklede masse- sterilisation

sprøjter . I 1954 B.D. skabte den første masseproducerede

engangssprøjte og nål. Det blev udviklet for masse

administrationen af den nye Salk poliovaccine til amerikansk

børn. I 1955 Roehr Products introducerede Monoject ,

den første disponible injektionssprøjte fremstillet af plast,

efterfulgt af B.D. med Plastipak , i 1961. Plastic

sprøjler hurtigt erstattet glas dem på markedet. nu

virksomheder udvikler mikro- sprøjter til smertefrit

leverer det præcist kontrollerede mængder af lægemidler.

SOLBRILLER

Gamle inuitter , bedre kendt som eskimoerne , wore

briller lavet af fladtrykt hvalrostand at blokere sol

blænding. Disse briller havde smalle spalter til at kigge igennem .

Solbriller fra flade ruder af røgfarvet kvarts , som

også beskyttet øjne fra blænding, blev anvendt i

Kina af det 12. århundrede. Dokumenter også beskrive

brugen af sådanne krystal solbriller af dommere i det gamle

Kinesiske domstole at skjule deres ansigtsudtryk , mens

afhøring vidner.

Engelsk optiker James Ayscough begyndte at eksperimentere

med tonede linser i briller omkring 1752 . Ayscough

mente, at blå eller grøn - tonet glas kunne korrigere

specifikke synsnedsættelser . Tonede briller fortsatte

være lægeordineret hele det 19. århundrede .

I begyndelsen af 1900'erne , brug af solbriller blev mere

udbredt, især blandt filmstjerner. Det er almindeligt

mente, at dette var at undgå anerkendelse af fans, men

det kunne også have været at beskytte sig mod den

kraftfulde buelamper bruges på nutidige film sæt .

Sam Foster introduceret billig masseproduceret

solbriller til Amerika i 1929. Foster fundet en klar

marked på strandene i Atlantic City , New Jersey, hvor han begyndte at sælge solbriller under navnet Foster Grant.

Solbriller var snart et raseri .

I 1930'erne United States Army Air Corps

bestilt den optiske firmaet Bausch & Lomb til

fremstille briller , der ville beskytte piloter fra

farerne ved højtliggende blænding. De skabte en sunglassspecific

selskab kaldet Ray-Ban , kort for at forbyde

solstråler , at skabe den første aviator -stil solbriller.

Polariserede solbriller først blev tilgængelig i 1936, da

Amerikanske opfinder Edwin H. Land begyndte at eksperimentere med polariserede linser. Ray-Ban designet anti- glare aviator

stil solbriller i 1936 ved hjælp af Lands teknologi. de

har brugt en lidt hængende ramme til maksimalt skærmer et

Aviator øjne , som skal gentagne gange blik nedad

mod flyets instrumentpanel . Løbesedler blev udstedt

disse Ray-Ban Aviator solbriller uden beregning og den

offentlighed begyndte at købe dem i 1937.

Det menes, at solbriller virkelig blev 'cool' i løbet af

Verdenskrig. Den wayfarer stil, den bedst sælgende solbrille

design i historien , blev født i 1953. Et smart reklame

kampagne fra Foster Grant i 1960'erne , ved hjælp af Hollywood

berømtheder og tagline hvem der står bag disse Foster Grants?

bidraget til at gøre solbriller endnu mere moderigtigt.

barberskum

En primitiv form for barberskum blev dokumenteret i

Sumeria omkring 3000 f.Kr. . En kombination af træ alkali

og animalsk fedt blev anvendt på skæg som en barbering

forberedelse, svarer til den måde skind blev fjernet fra

dyrehoveder . De gamle egyptere var blandt de

første kulturer at tage barbering alvorligt ; de brugte dyr

fedtstoffer og olier som smøremidler til barbermaskiner lavet af bronze .

Græske og romerske barberer ofte brugt olier eller sæber , når

magtudøvelsen jern barbermaskiner . Der var lidt yderligere fremføring

i barbering eller barbering sæber indtil 1700-tallet.

I 1800-tallet høje skumme sæber dukket op som en specialiseret

produkt, der skal kun anvendes til barbering. Sådanne barbering sæber

var designet til at skabe et stivere , længerevarende skum

end almindelige sæber. Den dukkede første gang op omkring 1840

når Vroom og Fowler i New York begyndte at sælge en

koncentreret sæbe, opskummet . De kaldte det Walnut

Olie Military Shaving Soap . I begyndelsen af 1900'erne, amerikansk

botaniker og opfinder George Washington Carver skabt

en creme, der var nem at opbevare og skumsvedt op pænt ,

giver skraberen til at glide jævnt over huden .

Traditionelle barbering sæber er stadig tilgængelige i dag fra

sådanne beslutningstagere som The Art of Shaving , Crabtree og Evelyn ,

og Geo. F. Trumper . I 1919 Frank Shields , en tidligere MIT-professor , som er udviklet

Barbasol den første barbercreme. Den innovative produkt

tilbydes mænd et alternativ til at bruge en pensel til at arbejde

sæbe i skum. Den Barbasol formel var oprindeligt en

tyk lotion, der var designet til at give en behagelig

barbering for mænd med hårde skæg og følsom hud som

selv. Dens navn stammer fra en kombination af det latinske

Ordet barba , hvilket betyder, skæg og løsning. I dag Barbasol

fortsætter med at være en af de øverste mærker af barbering produkter ,

især i USA.

Burma - Shave , en anden tidlig børsteløs , pre- skumsvedt barbering

creme , blev indført i Amerika af Burma - Vita

selskab i 1925. Det voksede hurtigt populær for sin bekvemmelighed og berømte rimede billboards , foret amerikansk

motorveje . En af de mest populære mærker af barberskum

i Indien er Godrej . Den første Godrej barbering produkt var den

barbering stick, som blev indført i 1932.

Verdenskrig bidrog til opfindelsen af det tryksatte

spraydåse. Den første dåse under tryk barberskum

var Rise, som blev indført af Carter - Wallace, en

Amerikansk personlig pleje selskab med hovedsæde i New

York i 1949. Aerosol barberskum erobrede næsten

en femtedel af markedet for barbering præparater inden for en

kort tid og har været dominerende det siden 1960'erne.

TANDPASTA

Fgypterne brugte en pasta til at rense deres tænder rundt

5000 f.Kr. , meget før tandbørster blev opfundet. det

tandcreme sandsynligvis smagt forfærdelige , fordi den indeholdt

pulveriserede aske fra Oxen hove , myrra , brændt æggeskaller ,

pimpsten og vand. En langt senere egyptiske papyrus , dateret

4. århundrede e.Kr., har en anden formel bestående af

mosede stensalt , mynte, iris og sort peber .

Gamle grækere og romere brugte tandpastaer , som

tilføjede de slibemidler, såsom knuste knogler og østers

skaller. Romerne også tilføjet aroma til at hjælpe med

dårlig ånde. De gamle kinesiske brugte en bred vifte af

stoffer, herunder ginseng, urte mynte , salt og

selv krudt. I det 9. århundrede , den persiske polyhistor

Ziryab opfundet en type tandpasta, han populariseret

hele det islamiske Spanien . Det var angiveligt både

funktionel og behagelig at smage , men dens nøjagtige sammensætning

er ukendt.

Tandpasta og pulver kom i almindelig brug i

19. århundrede i Storbritannien og andre lande . De fleste var

stadig hjemmelavet , med kridt, pulveriseret mursten eller salt som

ingredienser. I 1900 , en pasta lavet af hydrogenperoxid og

bagepulver blev anbefalet til brug med tandbørster. Pre- mixed tandpastaer blev først markedsført i det 19.

århundrede , men tandpulvere forblev mere populær, indtil

World War I. Andre nyskabelser 19. århundrede inkluderet

tilsætning af glycerin til smag, og strontium til at styrke

tænder. I 1873 Colgate & Company , der blev grundlagt af William

Colgate i New York i 1806 , begyndte at masseproducere

første tandpasta i en krukke . I 1892 , Dr. Washington W.

Sheffield i New London , Connecticut , fremstillet

den første tandpasta i sammenfoldelige tuber og solgte det som Dr.

Sheffields Creme Dentifrice . Han fik ideen efter sin søn

oplevede malere i Paris klemme maling fra rør.

De oprindelige sammenklappelige tandpastatuberne var lavet af

bly , der udvaskes i pastaen og undertiden forårsaget

blyforgiftning . Dette, kombineret med et forspring mangel

under Anden Verdenskrig førte til deres erstatning med

lamineret (aluminium , papir og plast) rør ved

1940'erne og helt plastrør i dag.

Fluor blev først føjet til tandpastaer i 1890'erne for

forebygge huller . Men det var først i 1955 , at Procter

& Gamble lancerede Crest, den første klinisk dokumenteret

fluoridholdig tandpasta. Stribet tandpasta, med

to forskellige farver , blev opfundet af en New Yorker

opkaldt Leonard Marraffino i 1955 og først markedsført af

Unilever som Stripe i begyndelsen af 1960'erne .

Negleklipper & FILES

Negleklipper , også kaldet søm trimmere eller negle kuttere, er

normalt fremstillet af rustfrit stål , men kan også være fremstillet af

plast eller aluminium. Der er to almindelige typer- de

randør og den sammensatte håndtaget . De fleste negle kuttere kommer

med et andet værktøj fastgjort , som bruges til at fjerne snavs

fra negle. De er ofte også indeholde en miniature fil til

manicure de uslebne kanter af afskårne negle.

Opfinderen af søm fræser egentlig ikke kendt og

lignende anordninger har været brugt siden oldtiden. den

første amerikanske patent på en forbedring af en negl trimmer,

hvilket betyder, at en sådan anordning allerede fandtes synes at er ydet i 1875 til Valentine Fogerty i Boston,

Massachusetts. Fogerty største enhed skal brugeren at placere

fingeren i en konkav hulhed med en kniv i den ene ende og

så helt anderledes ud fra moderne neglesaks . andre patenter

forbedringer i fingernegl trimmere blev foretaget

i løbet af de næste par år af amerikanske opfindere såsom

William Edge, John Hollman , Eugene Heim og Celestin

Matz , George Coates , og Kapel Carter. Omkring 1928

Carter, der blev præsident for H.C. Kog Company

af Ansonia , Connecticut, hævdede, at deres perle fingernegl

kutter fik sin første optræden så tidligt som 1896. andre tidlige

Amerikanske producenter inkluderer L.T. Sne Company og kongen Klip Company of New York.

I 1947 William E. Bassett, der havde startet WE Bassett

Virksomhed i Derby, Connecticut, i 1939 , udviklede

Trim søm cutter. Det var den første til at blive fremstillet ved hjælp af moderne

fremstillingsprocesser , der er tilpasset fra de metoder

anvendt af hans firma til at gøre artilleri komponenter til

US Army under Anden Verdenskrig . Det plejede den overlegne jawstyle

design, der havde eksisteret siden det 19. århundrede

men tilføjede to spidser nær bunden af filen for at forhindre

sideværts bevægelse af vippearmen , når det blev lukket ,

erstattede den pinned nitte med et hak nitte , og tilføjede

en patenteret tommelfinger- sno i håndtaget . Dette design stadig

dominerer markedet i dag.

I slutningen af 1940'erne , Bassett indført den høje ende

Croydon søm kutter , der var stemplet med et Clippership

emblem og fremmes i Esquire magasin for den

smykkebutik handel. Desværre var det Croydon

ikke en kommerciel succes . Men W.E. Bassett fortsætter

at være en stor producent af personlige skønhed værktøjer .

Deres Trim produktlinje er nu vokset til at omfatte mere

end 150 produkter. Andre moderne producenter inkluderer

Evenflo (Kina), 777 (Three Seven , Korea) , og Dovo

Solingen (Tyskland).

tOILETPAPIR

Den første dokumenterede brug af toiletpapir i menneskets historie

dateres tilbage til det 6. århundrede e.Kr., i Kina. I 589 e.Kr., den

akademiker - officielle Yan Zhitui skrev : »Papir , hvor der

er noteringer eller kommentarer fra de fem klassikere eller

navnene på vismænd , tør jeg ikke bruge til toilet formål «.

Kineserne fremstillede toiletpapir på en

industriel målestok ved middelalderen. Under den tidlige 14.

århundrede, Zhejiang-provinsen alene fremstiller ti

millioner pakker hvert år. I 1393 , under Ming

Dynastiet, 15.000 ark specielt parfumeret , soft- stof

toiletpapir blev foretaget for kejser Hongwu kejserlige

familie. Den kejserlige hof i Nanjing også brugt om

720.000 ark toiletpapir årligt. Det 16. århundrede

Fransk satirisk forfatter François Rabelais skrev om toilet

papir i sin roman - sekvens Gargantua og Pantagruel .

Her Gargantua afviser brugen af papir som ineffektiv ,

rim , at : 'Hvem hans foul hale med papir klude, Skal

på hans ballocks efterlade nogle chips. "

Amerikanske Joseph Gayetty er almindeligt anset for den

opfinderen af moderne kommercielt tilgængelige toilet

papir i 1857. Hans Medicated Paper hævdede at forhindre

hæmorroider og blev solgt i pakker af flade plader med et vandmærke med opfinderens navn. opfindelsen

rullet og perforeret toiletpapir tilskrives

Albany Perforated Gavepapir Company i 1877 og

til Scott Paper Company i 1879. I 1928 Hoberg

Paper Company, Green Bay, Wisconsin , der blev indført

Charmin , en anden populær mærke.

I 1942 , St. Andrew Paper Mill for UK introduceret blødere

to -lags toiletpapir. En joke lavet af den amerikanske tv-vært

og komiker Johnny Carson i 1973 bedt seerne

at løbe ud til butikker og begynde hamstring , hvilket skaber en

kunstig toiletpapir mangel .

I dag er på 26 mia ruller toiletpapir solgt årligt i

Amerika med et gennemsnit på 23,6 ruller per indbygger om året ,

eller 57 ark om dagen. Kvinder har tendens til at bruge betydeligt mere toiletpapir end mænd.

Vidste du?

Fyrre- ni procent af undersøgelsens respondenter valgte toilet

papir som den eneste nødvendighed de gerne vil tage på en

øde ø .

Det amerikanske militær brugt toiletpapir at camouflere sine kampvogne

i Saudi-Arabien i løbet af den første Golfkrig .

DRUG KAPSLER

I dag er der to hovedtyper af narkotika kapsler

hårdskallede , anvendes til tørre, pulveriserede stoffer , og

blødskjoldede , der anvendes til olieholdige væsker . I 1834 en fransk

apotek studerende ved navn Francois Mothes og hans

partner , farmaceut Joseph Dublanc , opfundet en metode

producere ét stykke bløde gelatinekapsler forseglede

med en dråbe gelatineopløsning . De brugte jern forme

at gøre deres kapsler og fyldte dem individuelt med

et lægemiddel pipette .

Mothes og Dublanc patenterede bløde kapsler , både fyldte

og tom , straks blev populær i Frankrig.

Men de stoppede sælge tomme kapsler i 1837 . Den

Resultatet var en voksende efterspørgsel efter tomme kapsler og

der var flere forsøg på at overvinde patentet ved

skabe nye designs. I 1846 , parisisk farmaceut Jules

Lehuby opfandt todelte hårde kapsler , som består af

overlappende hætte og krop stykker svarende til dem, der anvendes

dag. Skallerne blev oprindeligt lavet af stivelse eller tapioka

sødet med sirup. James Murdock of London var

tildelt et britisk patent i 1848 for første todelte

hård kapsel fremstillet udelukkende af gelatine. Murdock , der

blev en patentagent , kan have været handler Lehuby .

Hårde kapsler blev oprindeligt lavet i to dele, og derefter sammen med hånden. Men det var vanskeligt at få

nok præcision til at gøre dele passer ordentligt. I 1913

Colton Company i Detroit, Michigan, opfundet

stableren maskine i samarbejde med det amerikanske

medicinalvirksomhed Eli Lilly at løse dette problem .

De maskiner , der gør hårde kapsler er i dag baseret

på deres opfindelse.

Alle moderne softgel indkapsling er baseret på en proces

udviklet af frodig amerikanske opfinder Robert Scherer

i 1933. Han brugte en roterende matrice for at fremstille kapslerne

og fyldte dem med slag støbning. Dette reducerede metode

spild og produceret kapsler med meget repeterbare

doseringer . Scherer arbejdede i sin fars kælder metal

shop for tre år for at udvikle sin maskine . han

dannede Gelatine Products Company til at markedsføre sin

opfindelse. Det nye selskab blev straks en succes

og blev den RP Scherer Corporation i 1947. Den

nuværende ejer af RP Scherer teknologi er Catalent

Pharma Solutions , verdens største producent af

softgelkapsler .

Vidste du?

Gelatine er fremstillet af kollagen høstet fra

dyreskind eller knogler. Dette er et problem for vegetarer ,

veganere , og dem, overholde visse religiøse love , og

så vegetariske gel kapsler er nu tilgængelige .

LIPSTICK

Gamle mesopotamiske kvinder var muligvis den første til at

opfinde og bære læbestift. De brugte knuste ædelstene,

rød ler , rust, henna , og tang til at udsmykke deres læber.

Gamle egyptere skabt en dyb lilla læbestift fra

tang, iod og brom mannitol , der var stærkt

giftig og forårsagede alvorlig sygdom . Cleopatra VII , der

regerede 50-31 f.Kr., brugte læbestift lavet af knust

cochenille insekter , som giver en dyb rød pigment kendt

som karmin . Læbestifter med en flimrende effekt oprindelig

brugte en boblende stof findes i fiskeskæl .

I middelalderen , den bemærkelsesværdige arabiske kosmetolog

og kirurg Abu al- Qasim al- Zahrawi (Abulcasis)

opfundet solide læbestifter , som var parfumeret pinde

rullet og trykket i særlige forme. Men i Medieval

Europa , læbestift blev betragtet som en inkarnation af Satan

og blev forbudt af kirken.

Lip farve begyndte at genvinde en vis popularitet i det 16.

århundredes England, hvor lyse røde læber og en skarp hvid

ansigt blev moderne . Men i det 17. århundrede, læbestifter

og anden kosmetik gik ud af mode igen. I 1653,

en engelsk præst ved navn Thomas Hall førte en bevægelse

proklamere, at maleri af ansigter var djævelens værk . I 1770 blev en lov selv vedtaget af det britiske parlament , som

erklærede , at ægteskaber ville blive annulleret , hvis kvinden

wore kosmetik før hendes bryllupsdag.

Tidligere kosmetik forblev uacceptabelt respektable

Europæiske kvinder, men holdninger begyndte at ændre sig i

1850'erne og den første kommercielle læbestift blev opfundet i

1884 af perfumers i Paris . Det blev dækket i silkepapir

og fremstillet af hjorte talg , ricinusolie og bivoks . på

den tid , læbestift blev solgt i papir rør , tonet papir , eller

små potter . James Bruce Mason Jr. i Nashville, Tennessee,

patenterede moderne drejestol -up læbestift rør i 1923.

I 1927 franske kemiker Paul Baudercroux opfundet en

formel kaldet Rouge Baiser . Dette var den første langtidsholdbare

læbestift . Ironisk nok blev Rouge Baiser for langtidsholdbare ! det var

så svært at fjerne , at det blev forbudt fra markedspladsen .

I slutningen af 1940'erne , Hazel biskop , en organisk kemiker i New

York , gennemført over tre hundrede eksperimenter med

forskellige læbestift prototyper i hendes køkken. hun til sidst

skabte den første moderne langvarig, ikke- udtværing læbestift,

kaldet No- Smør . I 1950 hun dannede Hazel biskop Inc.

fremme hendes kys -bevis opfindelse , der markedsføres som ' bliver på dig

... Ikke på ham. " Hendes forretning trivedes og snart tiltrak

konkurrenter såsom Revlon . Dag , aromatiseret og økologisk

læbestifter bliver populære.

chapsticks

Folk har været at udtænke retsmidler for sprukne læber

siden oldtiden. Kinesiske optegnelser viser, at en formular

læbe - balsam blev brugt så tidligt som i østlige Han

dynastiet (25-220 e.Kr.) . En tidlig -til- midten af det 18. århundrede

Amerikansk bog beskriver et middel mod sprukne læber for

ammende mødre :

Cure Chopt Lipps & c. .

Tag 2 ounce : of Bees voks & cutt det i stykker eller pullerterne & 1

Gill fra god Søde oyl sæt det over en Ryd brandområdet når

Opløst hæld det i en Clear Bason & det vil være, når

Coal'd en Oyntment godt for ømme brystvorter også enhver

Thing af denne art.

I begyndelsen af 1880'erne , Dr. Charles Browne Fleet, en amerikansk

læge fra Lynchburg, Virginia, opfandt chapstick

som en læbepomade . Hans lokalt sælges, håndlavet produkt

lignede en Vægeløst stearinlys indpakket i sølvpapir . I 1912

John Morton købte rettighederne til produktet til fem

dollars og startede produktionen af den lyserøde chapstick

i hans køkken. Hans virksomhed var så vellykket, at

Provenuet fra salget blev brugt til fundet Morton

Manufacturing Corporation . I 1963 erhvervede AH Robins Company chapstick

fra Mortons . Dengang kun Chapstick Lip

Balm regelmæssig pind blev markedsført til forbrugerne.

Efterfølgende er der blevet indført mange flere sorter.

Disse omfatter fire Chapstick Lip Balm aromatiseret pinde

i 1971 , Chapstick Sunblock 15 i 1981 , chapstick

Petroleum Jelly Plus i 1985, og Chapstick Medicated

i 1992. amerikanske skiløber Suzy Chaffee var talsmand

for mærket i 1970'erne og blev kendt som Suzy

Chapstick . Tidligere amerikansk ski racer Picabo Street er nu

almindeligvis ses på deres tv-reklamer.

Chapstick er nu ejet af Pfizer, der har solgt

produktionsfacilitet i Richmond, Virginia , i 2011 til

Fareva , et fransk selskab , der nu fremstiller og

pakker chapsticks for Pfizer.

Vidste du?

I 1972 blev der Chapstick rør modificeret med skjult

mikrofoner og anvendt af Det Hvide Hus agenter G.

Gordon Liddy og E. Howard Hunt da de brød

ind i de demokratiske nationale udvalg hovedkvarter

på Watergate kontorkompleks i Washington, DC. den

resulterende skandale sidste ende førte til fratræden

Richard Nixon den August 9, 1974 - den eneste fratræden

af en amerikansk præsident indtil dato.

tandproteser

Blev fundet den ældste beviser på tandproteser eller falske tænder

af arkæologer i Mexico . De fandt et skelet , dating

tilbage til 2500 f.Kr. , hvis fortænder har været jorden

ned , formentlig for at gøre plads til tandproteser lavet af ulv

tænder. Omkring 700 f.Kr. , etruskerne i det nordlige Italien lavet

tandproteser ud af menneskers eller dyrs tænder, der var knyttet

med guldtråd eller bands. Disse forværret hurtigt, men

var let at fremstille. Der var lidt yderligere fremskridt

indtil det 18. århundrede. Proteser var ikke almindelige og

manglende tænder var normen selv blandt adelen .

Dronning Elizabeth I af England satte hvid klud i mellemrummene

at se bedre ud i offentligheden.

Den ældste fuldstændige protese er lavet af træ og

dateres tilbage til det 16. århundredes Japan . Under 18.

århundrede , europæiske tandlæger brugte hvalros , elefant, og

flodhest elfenben til at gøre protese plader i hvilke

tænder kan knyttes . Men de blev angrebet af

syrer i spyt , smagt forfærdelige , og snart rådnet . Desuden

tidlige tandproteser måtte fjernes , før du spiser , da de

var ikke sikker nok til at tygge med .

Den første amerikanske præsident , George Washington , havde tandproteser

lavet af udskåret flodhest elfenben i hvilke menneskelige, hest og æsel tænder blev monteret . Men de var

meget smertefuld og forvrænget hans mund. På grund af dette ,

hans anden tiltrædelsestale var den korteste af alle amerikanske

Præsident til dato - det varede kun 90 sekunder !

Døde mænds tænder blev populær for tandproteser og var

let tilgængelige i krigstid . For eksempel, efter slaget

Waterloo , var der en overflod af Waterloo tænder plukket fra

døde soldater på slagmarken. Under den amerikanske

Borgerkrigen tønder sådanne tænder blev sendt tilbage til

Europa. Tænder er ligeledes taget fra henrettede kriminelle,

stjålet af gravrøvere , eller endda købt fra de fattige.

De første porcelæn tandproteser blev foretaget omkring 1770 af

Alexis DUCHATEAU , en fransk apotekeren . efter flere

fiaskoer , skabte han et praktisk design , som blev meget

populære. Men de var tilbøjelige til chip og kiggede

for hvid til at være overbevisende. Hans tidligere assistent Nicholas

De Chemant modtaget det første patent til tandproteser i 1791 .

I 1820 , Claudius Ash London begyndte fremstillingsvirksomhed

forbedrede porcelæn tandproteser monteret på 18- karat guld

plader. Fra 1850'erne Vulcanite , en form for hærdet

gummi, begyndte at erstatte guld, som væsentligt reduceret

omkostninger. I begyndelsen af det 20. århundrede blev tandproteser foretaget

fra acrylharpiks og andre plastmaterialer. I dag er de fuldt ud tage

fordel af nye legeringer og plast.

deodoranter

En bred vifte af deodoranter har været brugt siden

antikken . De gamle egyptere hengivet sig parfumeret

bade, mens de gamle græekere og romere hyppigt

brugte parfume og aromatiske olier . Men med faldet af

Rom blev forkærlighed for badning også tabt. undertiden

rock- salte blev brugt som en deodorant i dele af Asien . i

det 9. århundrede , den arabiske eller persiske polyhistor Ziryab

indført deodoranter I mauriske Spanien .

Det første kommercielle deodorant, Mum , blev indført

og patenteret i 1888 af en ukendt amerikansk opfinder .

Mor var oprindeligt en zinkchlorid og voks pasta eller

fløde. Dette blev hurtigt fulgt op af Everdry , en aluminium

chlorid baseret antiperspirant .

I 1900 , et væld af antiperspiranter i en række forskellige former

fra pastaer , pinde, dabbers , pulvere og cremer til at

roll- ons var tilgængelige på markedet. Men kropslugt

blev betragtet som et privat spørgsmål, og de fleste mennesker gjorde ikke bruge dem. Det tog smart reklame for forbrugerne

at blive overbevist om deres fordele. Kampagnen for en

antiperspirant opkaldt Odorono , designet af en tidligere

dør -til-dør Bibelen sælger ved navn James Young, var

vigtige i denne sammenhæng . Det portrætteret kropslugt som et socialt faux pas at ingen ville direkte fortælle dig var

ansvarlig for din upopularitet , men som de var

glad for at snakke bag din ryg om.

Deodoranter blev populær blandt kvinder i

1920'erne , men mænd fortsatte med at associere kropslugt med

maskulinitet. Så reklamer begyndte at målrette mænd ved

preying på deres usikkerhed , som at miste deres job på grund af

til kropslugt. Det var en forfærdelig udsigt under

Store Depression. Top - Flite , de første mænds deodorant ,

blev lanceret i 1935 og pakket i en sort flaske.

En anden mandlig deodorant, Sea- Forth, blev solgt i keramik

whisky kander til at fremstå som maskuline som muligt.

I slutningen af 1940'erne , Edward Gelsthorpe foreslog designe

en deodorant applikator baseret på kuglepenne . hans idé

blev udviklet af kemiker Helen Diserens . I 1952 , Bristol-

Myers begyndte at markedsføre det som Ban Roll -On . Produktet var

en succes, selv om mange mandlige forbrugere undgået dem

fordi hår under armene blev fanget i applikatorer .

Amerikanske opfinder og kosmetisk kemiker Dr. Jules

Bernard Montenier patenterede moderne formulering

af antiperspirant i 1941. Gillettes Right Guard var

den første aerosol antiperspirant i begyndelsen af 1960'erne. Dag .

omkring 95 procent af amerikanerne bruger deodorant .

YDERLIGERE LÆSNING

. 1. The Kid Hvem opfandt det Popsicle : Og Andre

Overraskende Historier om opfindelser ved Don L. Wulffson ,

Paperback - 128 sider (1999), Lunde .

2 . Fejl, udført af Charlotte Foltz Jones og

John O'Brien (Illustrator) , paperback - 48 sider (1994) ,

Doubleday .

3. . Panati ekstraordinære Origins of dagligdags ting af

Charles Panati , paperback 180 sider , reissue udgave

(September 1989) , HarperCollins .

. 4. Udviklingen af nyttige ting : Hvordan Hverdagens Artifacts

- Fra Forks og Pins til papirclips og lynlåse - Came

at være som de er af Henry Petroski , paperback - 304

sider (1994) , Vintage.